LA

LADRERIE DU PORC

DANS L'ANTIQUITÉ

LA

LADRERIE DU PORC

DANS L'ANTIQUITÉ

PAR

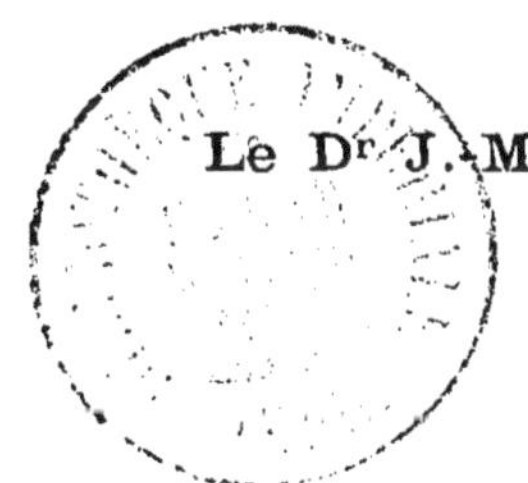

Le Dr J.-M. GUARDIA

Χαλαζᾷ δὲ μόνον τῶν ζώων ὧν ἴσμεν ὗς
(ARIST., *Hist. animal.*, VIII, 21.)

Deuxième Tirage.

PARIS

TYPOGRAPHIE DE RENOU ET MAULDE

144, RUE DE RIVOLI, 144

1866

Ce travail a été publié pour la première fois dans les *Annales d'hygiène publique et de médecine légale,* et reproduit, après révision, dans le *Recueil de médecine vétérinaire.*

LA

LADRERIE DU PORC

DANS L'ANTIQUITÉ

Χαλαζᾷ δὲ μόνον τῶν ζώων ὧν ἴσμεν ὗς.
(ARIST., *Hist. animal.*, VIII, 24.)

Un moyen certain de vivre à jamais dans la mémoire des hommes, c'est d'attacher son nom à une maladie. Lazare a eu cette bonne fortune, et le souvenir d'un mal hideux et redouté sauvera de l'oubli ce pauvre diable de Galiléen.

C'est à la lèpre que Lazare a été redevable de l'immortalité, et c'est grâce à la lèpre qu'il échappe aux incertitudes de la légende et aux négations de la critique. Dans la parabole de l'Évangile, ce nom n'est peut-être qu'une fiction, qu'un symbole, on n'ose pas dire un mythe; n'importe, fictif ou réel, il restera.

La terreur superstitieuse du moyen âge a fait de Lazare le patron des lépreux, dont le nombre était si considérable en ce temps-là, que la société fut en péril de se voir dominée par le mal immonde et sur le point de former une vaste léproserie.

Ladre, synonyme de lépreux, n'est qu'une forme altérée de Lazare, qui se retrouve sans altération dans le mot *lazaret*, dont l'origine et la signification ne sont pas sans analogie (1). La civilisation, qui nous a délivrés de la lèpre, nous délivrera petit à petit des lazarets, dont l'utilité paraît de plus en plus problématique. Mais le souvenir de ces établissements de sûreté publique, fondations de la prudence humaine, conseillée par la peur, non moins que celui de la lèpre et des léproseries, perpétuera le nom de Lazare.

Comment ce nom évangélique a-t-il été donné au porc? En d'autres termes, comment a-t-on été amené à dire : la ladrerie du porc, un porc ladre?

(1) « *Lazari*, leprosi, Gallis ladres : sic dicti, quod eorum domus seu Ecclesia extra muros Hierosolymitanæ civitatis sita, sancto Lazaro dicata esset. » C. Dufresne, seigneur du Cange, *Glossar. med. et infim. latinit.;* édit. G.-A.-L. Henschel, t. IV, p. 51, col. 1. Paris, Didot, 1845, in-4°. Voir les textes à l'appui dans le même article.

Les considérations dans lesquelles nous allons entrer fourniront une explication raisonnable de ce fait.

I.

Opinions des anciens sur le porc.

Ouvrons ce curieux livre de Plutarque, intitulé : *Propos de table*, qui traite de toute sorte de matières, et lisons le passage suivant dans la vieille traduction d'Amyot :

« Il semble que les Juifs abominent la chair de porc, pourtant que les barbares (les Grecs nommaient ainsi tous les autres peuples) on fort à contre-cœur et haïssent merveilleusement entre autres maladies la lèpre et le mal de Saint-Main, estimans que telles maladies dévorent et rongent à la fin les hommes ausquels elles s'attachent. Or, voyons-nous que le pourceau ordinairement a le ventre tout plein de lèpre et couvert de ceste fleur blanche qui s'appelle *psora*, ce qui semble procéder de quelque mauvaise habitude au dedans et de quelque corruption intérieure, se monstrant au dehors par le dessus du cuir, outre que l'ordure de cest animal en sa façon de vivre apporte encore quelque mauvaise qualité à sa chair ; car il n'y a point de beste qui prenne ainsi plaisir à la fange, et à se vautrer en ordes et salles lieux, comme il fait, si ce ne sont celles qui y naissent et qu s'y nourrissent (1). »

Le vieux traducteur arrange un peu à sa façon et selon son habitude le texte grec ; mais il en rend suffisamment le sens, en attribuant toutefois aux Juifs ce que Plutarque rapporte des Égyptiens. Chez ces derniers, l'horreur du porc n'était pas au même degré que chez les Juifs, au rapport d'Hérodote ; mais la caste sacerdotale de l'Égypte manifestait pour la viande de porc la même répulsion que la race d'Israël, suivant la remarque de Sextus Empiricus (2).

Il en était ainsi dans toute l'Asie, chez les barbares, pour dire comme Plutarque ; et cette répugnance tenait apparemment à la peur de contracter la lèpre, en usant, pour se nourrir, des chairs d'un animal qui était réputé lépreux.

---

(1) *Œuvres de Plutarque*, traduites du grec par Amyot, édit. de Brottier, Vauvilliers et Clavier. Paris, an XI (1802), in-8, t. XVIII ; t. I des *Œuvres mêlées*, p. 208, 209. — Cf. Plutarch. *Symposiacôn*, lib. IV, quæst. V, § 3, t. XI, p. 193 de l'édition grecque de J.-G. Hutten. Tubingen, 1798, in-8. Τὸ δὲ ὕειον κρέας οἱ ἄνδρες ἀφοσιοῦσθαι δοκοῦσιν, ὅτι μάλιστα οἱ βάρβαροι τὰς ἐπιλευκίας καὶ λέπρας δυσχεραίνουσι, καὶ τῇ προσβολῇ τὰ τοιαῦτα καταβόσκεσθαι πάθη τοὺς ἀνθρώπους οἴονται, κ. τ. λ.

(2) Ἰουδαῖος μὲν γὰρ ἢ ἱερεὺς Αἰγύπτιος θᾶττον ἂν ἀποθάνοι ἢ χοιρεῖον φάγοι. Sext. Emp., *Pyrrhon. Hypot.*, lib. III, cap. XXIV, p. 183, édit. de Fabricius, in-fol. Leipzig, 1718.

Dans la compilation à la fois si variée et si indigeste qui porte à tort ce titre ambitieux : *De la nature des animaux;* dans ce ramassis de renseignements précieux et de fables ineptes, Ælien affirme, d'après Manéthon, qu'il suffisait de goûter du lait de truie pour être couvert de dartres et de lèpre (1). Quoique le compilateur latin (Ælien, qui a écrit en grec, était de Préneste) nous présente Manéthon comme un savant d'un ordre supérieur, il faut bien se garder de prendre au sérieux les assertions de ce prêtre ou hiérogrammate égyptien, contemporain de Bérose, dont il nous reste quelques fragments conservés par les historiens grecs. Si Manéthon n'était pas un imposteur, comme on l'a soutenu, peut-être à tort, il avait du moins une disposition très-forte à tout croire, et sa crédulité robuste lui a fait dire et accepter les choses les plus invraisemblables. Rien n'est plus ridicule que ce qu'il rapporte des effets produits par le lait de truie; mais rien aussi ne convenait mieux à ce pauvre compilateur Ælien, qui a farci son recueil de récits mensongers, prenant de toutes mains, comme Pline.

Le chapitre d'Ælien, dont nous avons tiré ce passage, est d'ailleurs précieux, à cause qu'il résume une bonne partie des superstitions des anciens touchant le porc. Le passage emprunté aux *Symposiaques* de Plutarque est plus sérieux : « Nous voyons (c'est Lamprias qui parle) que le porc sous le ventre est couvert de lèpre et d'efflorescences dartreuses : c'est un vice ou un principe de corruption inhérent au corps (de l'animal), qui paraît gagner et envahir ceux qui en font usage » (2).

Il s'agit évidemment dans ce passage d'éruptions à la surface du corps, mais considérées comme signes ou indices d'un état général, d'une disposition morbide, d'un vice qui se communiquait comme un mal contagieux.

Les Grecs et les Latins n'éprouvaient pas, il est vrai, à l'égard du porc, la même répulsion que les Orientaux; mais ils le traitaient visiblement en animal immonde. *Animalium hoc maxime brutum,* dit excellemment Pline, *animamque ei pro sale datam non illepide existimabatur* (3). Le porc était donc considéré par les anciens comme le type de la bestialité. Quant à l'opinion suivant laquelle l'âme (c'est-à-dire le principe vital, cette force qui, suivant Stahl, maintient unis les éléments discordants du corps) lui

(1) Ἀκούω δὲ καὶ Μανέθωνα τὸν Αἰγύπτιον, σοφίας εἰς ἄκρον ἐληλακότα ἄνδρα, εἰπεῖν, ὅτι γάλακτος ὑείου ὁ γευσάμενος ἀλφῶν ὑποπίμπλαται καὶ λέπρας· μισοῦσι δὲ ἄρα οἱ Ἀσιανοὶ πάντες τάδε τὰ πάθη. Ælian. *De nat. anim.*, lib. x, cap. xvi, p. 225, t. I de l'excellente édition de Fréd. Jacobs. Iéna, 1832, 2 vol. in-8.

(2) Πᾶσαν δὲ ὗν ὑπὸ τὴν γαστέρα λέπρας ἀνάπλεων καὶ ψωρικῶν ἐξανθημάτων ὁρῶμεν· ἃ δὲ καχεξίας τινὸς ἐγγενομένης τῷ σώματι και φθορᾶς, ἐπιτρέχειν δοκεῖ τοῖς σώμασι.

(3) *Hist. nat.*, lib. VIII, cap. LXXVII, t. I, p 353 de l'édit. Littré.

aurait été donnée en guise de sel, pour empêcher ses chairs de tomber en pourriture, *iis animam datam esse proinde ac salem, quæ servaret carnem*, dit M. Varron (1), elle appartenait aux stoïciens, d'après Plutarque (2); à Chrysippe, suivant Cicéron (3); à Cléanthe, suivant Clément d'Alexandrie (4). La viande de porc était néanmoins très-estimée.

Porphyre, auteur d'un curieux ouvrage sur l'abstinence de la chair des animaux, avoue que le porc n'est bon qu'a être mangé, et qu'il ne peut servir que pour les usages culinaires ou pour les sacrifices (5). Artémidore s'exprime à peu près dans les mêmes termes, et n'hésite point à dire qu'il n'est point de viande supérieure ni même comparable à celle du porc (6): *Suillum pecus donatum ab natura dicunt ad epulandum*, dit Varron; et Pline, plus énergiquement : *Neque alio ex animali numerosior materia ganeæ.* Cet auteur, Athénée et tous ceux qui ont traité de l'alimentation chez les anciens, nous ont appris toute sorte de particularités sur les préparations que les caprices de la gourmandise faisaient subir à la viande de porc.

On pense bien que les médecins de l'antiquité, si fort préoccupés du régime, n'ont pas manqué de traiter des inconvénients et des avantages de cette viande. Dans la collection hippocratique, il en est souvent question. Il y est dit que la chair de porc, à l'état de crudité ou de cuisson imparfaite, provoque des flux de ventre.

Il convient toutefois de noter, relativement à ces passages et à quelques autres de la collection hippocratique, l'observation très-opportune de Galien.

Ce commentateur nous apprend en effet à distinguer entre χοῖρος, qui signifiait primitivement cochon de lait, et ὗς, qui siguifie porc adulte (7); et

---

(1) *De re rust.*, lib. II, cap. IV, p. 238, t. I de la collection de Schneider. Leipzig, 1794.

(2) Διὸ καὶ τῶν Στοικῶν ἔνιοι τὴν ὗν σάρκα κρέα γεγονέναι λέγουσι, τῆς ψυχῆς, ὥσπερ ἁλῶν, παρεσπαρμένης ὑπὲρ τοῦ διαμένειν. *Sympos.*, lib. V, quæst. X, p. 239 de l'édit. et du tome cités. (Voyez la note 1 pour les variantes.)

(3) *De nat. deor.*, II, 64. — *De finib.*, V, 13.

(4) *Stromat.*, lib. II. — Cf. Porphyr., *De abstin. ab es. carn.*

(5) Οὐδὲ γάρ ἐστι χρήσιμον πρὸς ἄλλο τι ὗς ἢ πρὸς βρῶσιν, I, § 14; Ἡ δὲ ὗς γέγονε πρὸς τὸ σφαγῆναι καὶ καταβρωθῆναι; III, § 20.

(6) Ἄριστα δὲ πᾶσι τὰ χοίρεια... μᾶλλον ἐδώδιμος τῶν ἄλλων. *Oneirocr.*, lib. I, c. LXX, περὶ κρεῶν, t. I, p. 98 de l'édit. J.-G. Reiff. Leipzig, 1805, 2 vol. in-8.

(7) Χοῖρον ἐξαιρέτως ὠνόμαζον οἱ παλαιοὶ τὸν μικρὸν λίαν, ὥσπερ παρὰ τῷ ποιητῇ ἔστιν εὑρεῖν·

« Ἔσθιε νῦν, ὦ ξεῖνε, τὰ δὲ δμώεσσι πάρεστι
Χοίρε', ἀτὰρ σιάλους γε σύας μνηστῆρες ἔδουσιν. »

Odyss., XIV, 80-81.

(Comment. IV du *Traité du rég. dans les mal. aig.*, t. XV, p. 883, édition de Kühn.)

il allègue à ce sujet deux vers de l'*Odyssée* qui confirment pleinement la justesse de sa distinction. Le poète établit lui-même une distinction très-nette entre la viande de petit cochon abandonnée aux serviteurs et la chair de porc que consomment les prétendants, en attendant la décision de Pénélope et le retour d'Ulysse. Galien se livre à ce sujet à des réflexions qui paraissent déplacées ou tout au moins étranges, et dont il faut néanmoins lui savoir gré, car son commentaire, bien qu'un peu diffus, nous aide beaucoup à interpréter sainement les textes hippocratiques, et nous donne de très-utiles renseignements sur la matière.

C'est après avoir lu le célèbre commentateur que l'on entend comme il faut ce passage du *Traité du régime dans les maladies aiguës* : « La viande de porc (traduisez de cochon de lait, ou jeune, ou tendre) est mauvaise lorsqu'elle est tant soit peu crue ou cuite seulement à la surface (j'entends ainsi περικαῆ); car dans ces conditions elle provoque des flux de ventre et trouble les fonctions digestives (2). » Et immédiatement après : « De toutes les viandes, la meilleure est celle de porc (Ὕεια δὲ βέλτιστα τῶν κρεῶν ἁπάντων). » Le rapprochement de ces deux passages prouve la justesse de la distinction établie par Galien.

L'auteur hippocratique détermine d'ailleurs, d'une manière très-précise, dans quelles conditions doit se trouver cette viande, qu'il répute excellente, pour être profitable à ceux qui en font usage. Elle constitue, d'après lui, un régime trop succulent pour les valétudinaires et les gens qui ne dépensent point beaucoup de forces; mais ce régime convient très-bien aux hommes de peine et particulièrement aux athlètes.

Il peut être inutile de produire d'autres textes et d'alléguer des autorités de second ordre pour mettre en pleine évidence les opinions courantes des anciens touchant le porc et l'usage de sa chair comme aliment. On a vu, par l'exposé qui précède, que les Grecs et les Latins, plus dégagés des préjugés enracinés chez les Orientaux, étaient assez bien renseignés sur les avantages et les inconvénients qui peuvent résulter de la consommation de la viande de porc.

Nous avons maintenant des indications suffisantes pour aborder avec quelque intérêt un problème d'histoire soulevé par M. le docteur A. Delpech dans une étude très-substantielle que nous analyserons et apprécierons brièvement, après avoir élucidé de notre mieux la question historique

---

(2) Χοίρου δὲ πονηρὰ (scil. κρέα, les chairs), ὁκόταν ᾖ ἐνωμότερα ἢ περικαῆ· χολερώδεα δ' ἂν εἴη καὶ ἐκταρακτικά. (*Du rég. dans les mal. aig.* (append.), § 18, t. II, p. 492 de l'édit. Littré.) — Cf. *Epid.*, lib. v, § 71, t. V, p. 244; *Epid.*, liv. vii, § 82, p. 436; *Des affect.*, § 52, p. 262; *Du régime*, liv. ii, § 46, p. 546.

de la ladrerie du porc (1). L'examen de cette question curieuse et à peu près neuve, que M. A. Delpech n'a eu garde de négliger, mais qu'il a effleurée seulement, nous fournira l'occasion de montrer, par un exemple, ou du moins par un essai, dont le lecteur peut dès à présent pressentir la direction et le dessein, comment nous comprenons la médecine comparée.

A propos d'un passage de Rufus, cité dans la *Collection médicale* d'Oribase, les deux laborieux éditeurs et interprètes de ce compilateur ont rassemblé dans une note très-exacte les principales indications des textes qui peuvent servir pour l'histoire de la ladrerie du porc dans l'antiquité (2).

L'indication de ces sources a été fort utile à M. Delpech; mais en négligeant de consulter tous les textes signalés à son attention, il n'a pas donné des plus importants une interprétation satisfaisante, et il en a donné une inexacte d'un passage assez clair d'une comédie grecque.

En reprenant l'essai qu'il a tenté, notre dessein est simplement de prouver, par un nouvel exemple, combien il importe de remonter aux sources quand on veut aborder ces matières si délicates de l'érudition.

Cet instrument veut être manié par des mains expérimentées. Dans l'étude des antiquités médicales, l'habileté vient en grande partie de l'expérience, et celle-ci ne s'acquiert que par un long exercice. Les novices ne savent pas combien sont profitables à l'esprit ces pénibles et patientes recherches qui préparent aux érudits tant de labeur et de tortures; mais les vrais amis de l'érudition trouvent dans ces rudes travaux d'enquête la joie suprême de la nouveauté et de la curiosité satisfaite.

La satisfaction que procurent ces travaux n'est point l'unique récompense de ceux qui s'y livrent avec prédilection. Savoir les choses du passé, solidement, est encore un moyen précieux d'appréciation et de critique. Après avoir élucidé un point obscur de l'histoire de l'art dans les vieux temps, on comprend mieux ce mouvement perpétuel que le mot de progrès exprime à merveille, et le long de la route on mesure les distances parcourues et la longueur des étapes.

Faite à ce point de vue, l'histoire de la médecine est comme la philosophie même de l'art. L'historien qui sait profiter des renseignements que lui transmettent les anciens documents, et qui féconde par des vues d'ensemble et des conclusions légitimes les résultats de l'érudition, ressemble au praticien diligent et investigateur qui, des observations recueillies dans

(1) *De la ladrerie du porc au point de vue de l'hygiène privée et publique* (*Annales d'hygiène*, 1864, 2e série, t. XXI, p. 5 et 241).

(2) Oribase, *Œuvres*, grec-français, par les docteurs Bussemaker et Daremberg, t. I, p. 616-617.

ses exercices cliniques, tire les principes et les règles de la pathologie et de la thérapeutique générales.

De même que l'observateur véritable ne laisse passer aucun fait inaperçu, si petit et insignifiant qu'il soit en apparence, ainsi le médecin curieux des choses de l'ancienne médecine n'en néglige aucune, et, dans toutes les parties de l'art, remonte laborieusement aux origines; car c'est beaucoup que de bien connaître le commencement et de débrouiller l'écheveau jusqu'à saisir le bout du fil. La connaissance de la tradition dans ses particularités et dans sa plénitude est, à vrai dire, la science même de l'histoire; et c'est pourquoi il n'y a point de minuties ni de questions secondaires pour l'historien : tout phénomène est important à ses yeux, et son devoir est de déterminer, autant que faire se peut, le point de départ, les circonstances qui ont concouru à la production du phénomène, le mode et les phases de son évolution, en tenant compte des interprétations diverses que l'observation des faits a provoquées dans le courant des siècles.

En savoir et en ressources de toute espèce nous sommes infiniment plus riches que les anciens, qui n'avaient point les trésors d'expérience dont nous avons hérité. Mais il serait injuste d'oublier qu'ils ont préparé cet héritage et qu'ils n'ont pas travaillé inutilement pour leurs successeurs. Les monuments de la médecine grecque abondent, sans parler des faits, en préceptes, en observations, en principes, en règles de raison ou d'empirisme qui ont beaucoup aidé au progrès de la médecine moderne et au triomphe de la saine méthode médicale. Le temps a considérablement élargi le domaine de l'observation; des maladies inconnues ont surgi; mais les découvertes et les nouveautés, qui ont permis de rejeter sans retour ou de rectifier de vieilles erreurs, n'ont nui en rien à ces vérités que nous devons à la sagesse des anciens, et qui sont toujours nouvelles.

Un savant médecin, dans un essai philosophique sur la pathologie historique, a même prétendu que les médecins de l'antiquité étaient nos maîtres dans la détermination et le pronostic de certaines maladies (1). Cette thèse, paradoxale en apparence, n'est pas insoutenable : le savant Ch. God. Gruner, qui à une forte érudition joignait un solide jugement, l'a soutenue non sans succès. Nous ne prétendons pas l'imiter, et il nous paraît oiseux de recommencer inutilement la puérile querelle des anciens et des modernes. Qu'il nous suffise de remarquer que les méde-

(1) Christ. Godefr. Gruner, *Morborum antiquitates*. Breslau, 1774, in-8. (Voyez la section IV de ce curieux et savant ouvrage : *De iis morborum generibus, in quorum natura et eventis definiendis veteres recentioribus medicis longe diligentiores sunt*, p. 243 jusqu'à la fin du volume.)

cins de l'antiquité s'entendaient merveilleusement aux matières de l'hygiène et de la diététique, et qu'ils avaient poussé loin cet art si difficile de régler l'exercice des fonctions normales et le régime. Dépourvus des moyens d'analyse que nous possédons, et n'ayant à leur service que la sagacité et l'expérience, ces observateurs diligents connaissaient à fond cette partie de l'hygiène qui traite des aliments.

La distance des siècles et la désuétude nous disposent à relever bien des singularités dans la diététique des anciens; mais il faut convenir que la plupart de leurs observations sur l'alimentation en général et sur les diètes végétale et animale sont encore aujourd'hui d'une grande vérité et dénotent un grand sens pratique.

On a vu, par les textes analysés ou résumés plus haut, que les vieux médecins grecs n'ignoraient aucune des qualités de la viande de porc, aucun des inconvénients qui peuvent résulter de cette alimentation, suivant les conditions de tempérament ou de santé du consommateur. Ce qui paraît singulier, c'est qu'avec des connaissances spéciales sur la matière, les anciens médecins n'aient pas insisté sur les effets produits par l'usage de la viande de porc, infectée de ladrerie. Ils connaissaient pourtant cette maladie de l'espèce porcine.

II.

La ladrerie. — Aristote.

Dans un très-curieux chapitre de son *Histoire des animaux*, Aristote s'exprime ainsi :

« Parmi les quadrupèdes, les porcs sont sujets à trois maladies : dans celle qu'on appelle enrouement (angine ou esquinancie), c'est l'inflammation qui prédomine du côté de la gorge et des parties voisines; tout autre endroit du corps peut-être aussi atteint. Souvent les pieds sont entrepris, et quelquefois les oreilles. Le point intéressé se gangrène aussitôt, et la corruption se communiquant aux poumons, la mort s'ensuit. Le mal croît vite, et à quelque degré qu'il soit, dès qu'il se manifeste, la nourriture est refusée. Les porchers guérissent le mal, lorsqu'ils s'en aperçoivent à temps et qu'il est restreint, par l'amputation de la partie lésée, unique moyen de salut.

« Il y a deux autres affections, qu'on désigne par la dénomination commune de scrofule : dans la première, très-répandue, la tête est douloureuse et pesante; dans la seconde, qui paraît être incurable, le ventre coule (est relâché). On traite la première en lavant le groin avec du vin, qu'on introduit dans les trous du nez; mais il n'est pas facile de vaincre cette maladie, qui tue le troisième ou le quatrième jour.

« Les porcs sont sujets à l'enrouement, surtout quand l'été est fertile et qu'ils ont beaucoup engraissé. Le remède consiste à les nourrir de mûres, à les laver et baigner largement dans de l'eau chaude et à scarifier la région sublinguale.

« Les porcs ladres ont la chair humide du côté des jambes, du cou et des épaules; c'est dans ces parties principalement qu'abondent les grêlons. S'ils sont en petit nombre, la viande en est plus douce; s'ils sont abondants, elle devient humide à l'excès et insipide. Les porcs ladres se reconnaissent aisément : les grêlons se montrent surtout à la partie inférieure de la langue; les soies qu'on arrache de la crête du cou sont sanguinolentes à la racine. En outre, les porcs atteints de ladrerie ne peuvent se tenir au repos sur leurs pieds de derrière. Les porcs à la mamelle ne sont pas ladres tant que le lait est leur unique aliment. L'épeautre est un remède contre les grêlons; c'est aussi la meilleure nourriture pour les porcs. Les pois chiches et les figues les nourrissent aussi et les engraissent très-bien. L'essentiel, c'est de ne pas leur donner toujours la même chose et de varier la nourriture. De même que les autres, cet animal se plaît à changer de régime. On dit d'ailleurs que chaque espèce de nourriture produit son effet, et que c'est en passant successivement de l'une à l'autre que l'animal s'arrondit, prend des chairs et de la graisse. Les glands, qu'il mange avec plaisir, passent pour rendre sa chair humide. Lorsque la truie est pleine, si elle en mange trop, elle avorte, comme les brebis, que l'usage des glands expose plus évidemment à pareil accident. De tous les animaux à nous connus, le porc est seul sujet à la ladrerie (1). »

Dans ce chapitre si concis et si plein, il y a des indications précieuses pour l'art vétérinaire, aussi bien que pour l'économie rurale et domestique, la pathologie historique et la médecine comparée.

Aristote décrit quatre affections très-graves de l'espèce porcine, dont deux sont par lui désignées sous une dénomination commune. La première, celle qu'il appelle βράγχος, telle qu'elle est décrite, présente les principaux caractères de la pustule maligne ou du charbon. Il s'agit probablement d'une affection charbonneuse, spontanée, contagieuse et meurtrière, qui se termine par la gangrène, et que le fer seul peut guérir au début. Le symptôme le plus ordinaire de ce mal est la tuméfaction et l'inflammation de la région du cou, des parties voisines de la gorge ou des mâchoires, pour rendre littéralement le texte, ἐν ᾧ μάλιστα τὰ περὶ τὰ βράγχια καὶ τὰς σιαγόνας φλεγμαίνει.

Rien n'empêche de retrouver dans la description d'Aristote l'affection

(1) Aristote, *Hist. des anim.*, liv. VIII, cap. XXI, p. 603-604, t. I de l'édition grecque de Becker. Berlin, 1831, in-4, p. 662; t. I de l'édition grecque-latine d'Isaac Casaubon. Lyon, 1590, 2 vol. in-fol. Le docteur Piccolos a suivi l'édition de Berlin.

charbonneuse du porc, connue aujourd'hui sous les noms de *bosse*, *soyon*, *soies piquées*.

Il est plus difficile de déterminer exactement la nature de la première des deux affections qu'Aristote désigne par un terme commun : Λέγεται δὲ κραυρᾶν ἄμφω. J'avoue que cet infinitif m'embarrasse un peu, et que je lirais volontiers κραῦρα, mot qui répond en grec au latin *struma*, et que l'on retrouve encore, non sans altération, dans le terme *écrouelles*, dont le sens est le même que celui de scrofules (et non scrophules), dérivé du latin *scrofa*, qui veut dire truie. On a donné ces deux noms aux tumeurs des scrofuleux, apparemment parce qu'elles se montrent de préférence à la région du cou, sous le menton et près des parotides, et qu'on a cru saisir une ressemblance entre ces *humeurs froides*, comme on disait autrefois, et les engorgements qui gonflent le cou du porc, notamment dans cette affection mortelle qu'Aristote appelle angine, suivant l'interprétation de Scaliger (1).

Gaza, suivant la lettre du texte, traduit enrouement. Schneider, dans son savant commentaire sur ce passage de l'*Histoire des animaux*, préfère la version de Scaliger; mais il a peut-être tort, pour justifier sa préférence, d'invoquer l'autorité de Pline, et il se trompe évidemment en avançant que Pline, pour désigner cette maladie du porc, se sert à la fois, c'est-à-dire indifféremment, des mots *angina* et *struma* (2).

Le texte latin de l'*Histoire naturelle* n'autorise nullement cette interprétation. *Et alias obnoxium genus morbis, anginæ maxime et strumæ*, telle est la phrase latine. On y distingue très-nettement deux maladies : l'angine et la strume. Le dernier traducteur français de Pline rend ainsi cette phrase : « (Cet animal) est exposé à diverses maladies, surtout à l'angine et à la ladrerie. » Cette traduction maintient la différence ou la distinction qui est dans le latin; mais il est douteux que *ladrerie* traduise exactement le mot *struma* (3).

Le pluriel de ce substantif répond au grec χοιράδες, que nous trouvons dans la collection des écrits hippocratiques, avec la signification de tu-

(1) Ἡ χοιρὰς ἀδήν ἐστιν ἐσκιῤῥωμένος κατά τε τράχηλον, καὶ τὰς μασχάλας, καὶ τοὺς βουβῶνας ὡς μάλιστα συνισταμένη, τοὔνομα λαβοῦσα ἢ ἀπὸ τῶν χοιράδων πετρῶν, ἢ ἀπὸ τῶν συῶν, ὅτι πολυτόκον τὸ ζῷον, ἢ ὅτι τοιουτώδεις οἱ χοῖροι τραχήλους ἔχουσι. Paul Ægin., lib. VI, c. XXXV, p. 174, édit. Briau. — Cf. Aetius (XV, c. III), qui prétend, d'après Léonidès, que la dénomination a été prise de la ressemblance qu'on avait remarquée entre ces tumeurs et les glandes qui sont dans la gorge des porcs.

(2) « Gaza fauces vertit, et morbum βράγχον raucedinem; rectius Scaliger anginam : nam Plinius etiam suum morbum anginam et strumam nominat. » Cf. son édit. de l'*Hist. des anim.* d'Aristote, t. III, p. 651.

(3) Pline, *Hist. nat.*, édit. et trad. d'É. Littré, t. I, p. 353, liv. VIII, c. LXXVII (LI des anciennes éditions).

meurs du cou, et plus particulièrement des glandes parotidiennes. Dans la troisième section des *Aphorismes*, traitant des maladies suivant les âges et les saisons, Hippocrate dit, en résumant l'ensemble des affections pathologiques de l'enfance, que c'est à cette période surtout que se produisent « les scrofules et autres tumeurs, » χοιράδες καὶ τἄλλα φύματα (1). Le même mot se trouve encore, avec la même signification, dans un passage des *Prénotions coaques*, analogue à celui des *Aphorismes* (2). Enfin, le sens de ce terme technique est parfaitement déterminé dans cet endroit du *Traité des glandes*, où l'origine des écrouelles est expliquée d'après les théories alors en faveur sur les humeurs et les fluxions :

« Si le flux est abondant et de nature pituiteuse, l'humeur s'accumule lentement, se fixe, l'inflammation se produit et les scrofules se manifestent : la pire, observe le vieux médecin grec, des affections de la région cervicale », *quæ vel præcipue fatigare medicos solent*, comme dit Celse, de ces tumeurs scrofuleuses, qui font, en effet, le désespoir des médecins (3).

Remarquons que l'auteur latin se sert aussi pour désigner ce mal du mot *struma*, et que la définition qu'il en donne répond parfaitement à celle des commentateurs et des lexicographes, expliquant le mot χοιράς (4). Foës ne laisse, à ce sujet, presque rien à désirer; il a suivi Jean de Gorris, dans ses définitions médicales, et a été suivi par Castelli, dans son vocabulaire.

Kraus, qui n'est pas à beaucoup près aussi sûr, et très-inférieur dans l'interprétation et la détermination étymologique des anciens termes de médecine, Kraus se moque de la ressemblance que les Grecs avaient cru apercevoir entre les écrouelles et les tumeurs qui surviennent au cou des porcs (5).

---

(1) *Aphor.*, sect. III, 26, t. I, p. 415 de l'édit. d'Ermerins; voy. la note du savant éditeur; — p. 69 de l'édit. grecque-française de Lallemand et Pappas. Voy. la note 2 des éditeurs.

(2) *Prénot. de Cos.*, § 512, p. 103, t. I de l'édit. d'Ermerins.

(3) Ἢν δὲ ᾖ φλεγματῶδες καὶ πουλὺ καὶ ἀργὸν ἡ ῥοιή, φλεγμαίνει δὴ ὧδε καί, ἡ φλεγμονὴ στάσιμον ἐὸν ὑγρὸν, χοιράδες ἐγγίνονται· αὗται (δὲ) χείρους αἱ νοῦσοι τραχήλου. Hipp., *De glandul.*, VI, LXV, p. 417, t. I, édit. de Vander Linden. — Quelques lignes plus bas, l'auteur explique de même la formation des tumeurs des glandes : καὶ ὧδε γίνονται φύματα κατὰ ταῦτα.

(4) « Struma quoque est tumor, in quo subter concreta quædam ex pure et sanguine quasi glandulæ oriuntur. » A. Corn. Celsi, *Medicina*, lib. V, cap. XXVIII, § 7, édit. de Th.-J. d'Almeloveen. Rotterdam, 1750. — Cf. les définitions de Foës et de Jean de Gorris.

(5) Il dit dédaigneusement : « Die nahe Verwandschaft zwischen Schweinen und Scropheln konnte aber nur den kindlich einfach beobachtenden Griechen schon so früh auffallen. » — Kritisch etymologisches medicinisches Lexicon, 3e édit., in-4.

La question n'est pas de savoir si la ressemblance existe ou non; mais d'établir la certitude de l'étymologie des termes qui désignaient dans les langues grecque et latine l'affection que nous nommons scrofules ou écrouelles.

Il est hors de doute que le latin *struma* équivalait au grec χοιράς. On voit encore dans les auteurs grecs que, pour qualifier les affections morbides de même nature ou d'un caractère analogue, un adjectif de même origine était en usage. L'auteur du *Prorrhétique* écrit, par exemple, ceci : « Quant aux âges, les tumeurs suppurantes et scrofuleuses sont très-communes chez les enfants (1). »

Galien, qui, en fait d'interprétation des termes grecs de médecine, savait évidemment plus que nos philologues, bien que le docteur Ermerins, dernier éditeur d'Hippocrate, conteste sa compétence dans les questions de grammaire; Galien, traitant des tumeurs de diverse nature des glandes cervicales, distingue très-particulièrement celles qui sont d'origine scrofuleuse (2). Il en parle dans plusieurs de ses écrits, et notamment en deux endroits de sa *Méthode thérapeutique*, et il se sert toujours pour désigner ces tumeurs du terme reçu dans la médecine grecque depuis Hippocrate (3).

Qu'on ne s'étonne point de ce luxe de citations : dans les questions si épineuses de nomenclature, d'étymologie et de synonymie, la clarté ne se peut le plus souvent obtenir que par des preuves accumulées, qui équivalent à une démonstration.

La démonstration étant à peu près complète, il suffira de prouver, pour la rendre évidente, qu'en latin, le mot *struma*, équivalent du mot grec χοιράς, ne s'appliquait pas uniquement aux écrouelles et aux tumeurs qui accompagnent cette affection chez l'homme; mais encore à une maladie du porc qui n'était point la ladrerie, et dont les mots *scrofules* et *parotides* servaient également à désigner les principaux symptômes, à savoir : la tu-

---

Gœttingen, 1844, p. 936. — Cf. Castelli, *Lexicon*, édit. de Genève, in-4, 1746, au mot *Seropha*, p. 659, et au mot *Struma*, p. 690.

(1) Περὶ δὲ ἡλικιῶν, φύματα μὲν ἔμπυα καὶ τὰ χοιρώδεα, ταῦτα πλεῖστα τὰ παιδία ἴσχουσι... *Prorrhét.*, liv. II, § 11, t. IX, p. 30-33, édit. Littré.

(2) Καὶ κατὰ τράχηλον δὲ καὶ παρ' ὦτα πολλάκις ἐξήρθησαν ἀδένες, ἑλκῶν γενομένων ἤτοι κατὰ τὴν κεφαλὴν ἢ τὸν τράχηλον ἤ τι τῶν πλησίων μορίων· ὀνομάζουσι δὲ τοὺς οὕτως ἐξαρθέντας ἀδένας βουβῶνας· εἰ δὲ σκιῤῥωδεστέρα ποτ' αὐτῶν ἡ φλεγμονὴ γένοιτο, δυσίατός τέ ἐστι καὶ καλεῖται χοιράς. Galen., *Meth. therap.*, lib. XIII, c. V, t. X, p. 881.

(3) Τῶν δ'ἄλλων ὄγκων ἐφεξῆς μνημονεύσω καὶ πρῶτόν γε τῶν καλουμένων χοιράδων· γίνονται δ'αὗται σκιῤῥουμένων ἀδένων, κ. τ. λ. *Meth. therap.*, lib. XIV, c. XI, p. 982. — Cf. *Comment. in Aphor. Hipp.*, III, XXVI, p. 636-637, t. XVIII bis. Dans la 397e des *Définitions médicales* attribués à Galien : Χοιράς ἐστι σὰρξ, ξηρὰ καὶ δύσλυτος, t. XIX, p. 443.

méfaction inflammatoire des glandes du cou et des parties internes ou externes de la région cervicale. La preuve décisive est dans ce passage de l'art vétérinaire de Végèce : *Plerumque strumæ vel parotides aut scrophulæ jumentorum guttur infestant, et faucium tumore produntur* (1). »

Dans cette phrase, la synonymie n'est point équivoque : voilà trois termes qui s'appliquent à une même affection pathologique, commune aux grands animaux domestiques; et l'on voit par les chapitres suivants que l'auteur distingue cette affection des adénites ordinaires, d'une espèce d'angine et des tumeurs qui surviennent aux différentes régions.

Il est probable que cette richesse de noms pour désigner une seule maladie vient de ce que l'affection était diversement nommée suivant le siége du mal; et Végèce, ou l'auteur, quel qu'il soit, de ce traité de médecine vétérinaire, a pu très-bien confondre les termes de la nomenclature, de même que les hippiatriques grecs, Apsyrtos, Eumelos et Hiéroclès, par exemple, dans la description et le traitement des maladies des glandes, ne sont pas toujours d'accord sur les termes dénominatifs, ainsi que l'a fait remarquer Schneider, en son commentaire sur ce passage de Végèce.

Cette remarque n'est point sans valeur; mais il est certain que l'hippiatrique latin, en prenant le mot *struma* dans le sens de scrofule et de parotide, l'applique à tous les animaux domestiques indistinctement, et non pas seulement au porc : preuve évidente, en raisonnant d'après la tradition grammaticale, que ce mot, non plus que son synonyme grec, ne signifia jamais ladrerie.

Columelle, dans le chapitre du livre septième de son *Économie rurale*, qui traite des maladies du porc et des moyens de les guérir, ne dit mot de la ladrerie; mais il indique le traitement des porcs atteints de tumeurs glanduleuses ou inflammatoires de la région cervicale, et le terme dont il se sert est un adjectif dérivé de *struma* (2). Conrad Gesner, si expert en ces matières, a deviné que cette affection du porc, dont Columelle a indiqué le traitement, n'était autre que l'espèce d'angine décrite par Aristote et nommée βράγχος, dénomination significative, et apparemment imitative du cri rauque d'un animal qui étouffe (3).

---

(1) Vegetii Renati, *Artis veterin. sive Mulomed.*, lib. III, cap. XXIII, p. 111 du tome IV, *Scriptor. rei rust. veter. latin.*, édit. J.-G. Schneider. — Cf. la note de l'éditeur, t. V, p. 50-51.

(2) « Strumosis sub lingua sanguis mittendus est, qui cum profluxerit, sale trito cum farina triticea confricari totum os conveniet. » *De re rust.*, lib. VII, c. X, t. II, p. 375 de la collection de Schneider, et le Commentaire, t. III, p. 416. — Cf. Virg., *Georg*, lib. III, v. 497-498.

(3) La racine de ce mot est βράγχος, gorge, qui se retrouve dans l'espagnol *bronco*, à peu près sans altération. Les lexicographes qui traduisent βράγχος par ladrerie font un contre-sens.

Cette signification pourrait se démontrer par des textes et notamment par un passage d'Arétée (1). Mais il est inutile d'accumuler des preuves et d'alléguer de nouvelles autorités. Qu'on ouvre seulement le glossaire de la basse latinité de Ducange, et l'on verra que les termes dont l'altération a produit finalement le mot écrouelles, et qui étaient synonymes de *struma*, ne s'entendirent jamais que des tumeurs en général, et plus particulièrement de celles de la gorge et du cou (2).

Si cette démonstration paraît satisfaisante au lecteur, nous ne regretterons pas le temps qu'elle nous a coûté; car, dans toute question de pathologie historique, il est indispensable, pour atteindre la vérité, d'éliminer les erreurs et les causes d'erreur qui tiennent à la confusion des termes. Déterminer avec exactitude la nomenclature des anciens en pathologie humaine ou animale est une des grandes difficultés de l'histoire de la médecine. C'est en étudiant les antiquités médicales qu'on apprécie la justesse de ces deux pensées de Platon : qu'en toute question il est essentiel de s'entendre tout d'abord sur le sens des mots, et qu'elle n'est pas petite la science des termes (3).

Les deux affections pathologiques de l'espèce porcine qu'Aristote décrit sous une dénomination commune n'ont pas, à beaucoup près, en histoire, l'importance de la première. Il s'agit d'une maladie épidémique, le plus souvent accompagnée de vertiges et de flux de ventre, de nature maligne. Il est très-probable que ces deux états pathologiques ne sont pas distincts de ceux qu'a décrits Columelle au commencement du chapitre x du livre vii, et que chacun d'eux a reçu un nom spécial chez les Latins. Du moins, Varron, dans son *Économie rurale*, après avoir reproduit la formule en usage sur les marchés, remarque qu'à la demande de l'acheteur, le vendeur répondait en ajoutant quelquefois que ses bêtes étaient quittes de la fièvre et du flux de ventre, *a febri et a foria* (4).

(1) Φωνὴν βραγχώδεες, ἀσαφέες, dit-il des hémoptysiques, dont la voix éteinte n'est qu'une espèce de râle. *Des signes des maladies aiguës*, lib. ii, ch. ii, p. 33 de l'édition d'Ermerins, 1 vol. in-4. Utrecht, 1847.

(2) *Glossar. med. et infim. latinit.*, édit. G.-L. Henschel, t. VI, p. 133-134, voc. Scroellæ, scruellæ, scrofolæ, scrophulæ, scruphulæ. — « Quod suibus familiaris hic morbus, inde χοιράδας vocari strumas observat Beroaldus. — Strumæ χοιράδες seu scrophulæ sunt. » — Schneider, dans son Index *Script. rei rust.*, p. 347.

(3) Καὶ δὴ καὶ τὸ περὶ τῶν ὀνομάτων οὐ σμικρὸν τυγχάνει ὂν μάθημα. Platon, *Cratyl.*, p. 185, B. de l'édition grecque de Baiter, Orelli et Winckelmann. Zurich, 1839, in-4.

(4) Emi solent sic, « Illasce sues sanas esse, habereque recte licere, noxisque præstari, neque de pecore morboso esse spondesne? Quidam adjiciunt perfunctas esse a febri, et a foria. » M. Varron, *De re rust.*, lib. ii, c. iv, p. 236, t. I, collect. Schneider, et le Commentaire, p. 425.

Ce dernier terme, qui a paru étrange à quelques commentateurs, si bien qu'ils ont cherché à le modifier ou à le remplacer, n'a pas besoin de correction : l'étymologie en est connue, et la signification n'en est pas douteuse. Les textes de Juvénal et de son scoliaste, de Nonius et des Pandectes justifient l'interprétation de Conrad Gesner. C'est bien d'un flux diarrhéique qu'il s'agit dans le passage cité de Varron, et non d'un autre vice rédhibitoire ou de toute autre maladie.

Quant à l'affection que Varron désigne par le terme générique de fièvre, Columelle la décrit sous la même dénomination, et sa description est parfaitement conforme à celle d'Aristote (1).

Pline, qui ne fait mention que de deux maladies de l'espèce porcine, a résumé en une phrase les symptômes généraux de toutes les affections pathologiques auxquelles le porc est sujet : « On reconnaît qu'un cochon est malade quand du sang se montre à la racine d'une soie arrachée sur son dos, et quand, en marchant, il porte la tête oblique (2). »

Voilà deux symptômes, dont un très-précis et évidemment pathognomonique. Pline traduit Aristote, lequel donne cette particularité de la racine sanguinolente d'une soie arrachée sur le dos d'un porc, comme un des symptômes de la ladrerie : « Si l'on arrache des soies de la crête ou crinière du cou, elles paraissent sanguinolentes, » dit-il; ce qui doit s'entendre de la racine ou du bulbe.

L'autre symptôme de la ladrerie, le plus essentiel, c'est la présence des grêlons sous la langue. Pline n'a pas noté ce dernier symptôme, qui a toute la valeur d'un signe infaillible, et, suivant la coutume des compilateurs, il a confondu des choses distinctes. Le membre de phrase : *Caput obliquum in incessu,* est l'équivalent du texte de Columelle : *Obstipæ sues transversa capita ferunt.* Or, ce symptôme, d'après Columelle, auteur souvent mis à contribution par Pline, est au nombre de ceux qui révèlent la maladie désignée par le terme générique de fièvre : *Febricitantium signa sunt,* dit Columelle, et il ne parle pas de la ladrerie.

Ayant ainsi mêlé et confondu les symptômes de deux maladies très-distinctes, il est probable que Pline n'avait point de notions très-précises sur ces deux maladies. Encore une fois, *struma,* qui signifie tumeurs scrofuleuses, ne peut se traduire par ladrerie, en aucune façon et sous aucun

---

(1) Ὧν τὸ μὲν ἕτερόν ἐστι κεφαλῆς πόνος καὶ βάρος, ᾧ αἱ πλεῖσται ἁλίσκονται, dit Aristote; et Columelle : *Febricitantium signa sunt, cum obstipæ sues transversa capita ferunt, ac per pascua subito, cum paululum procurrerunt, consistunt, et vertigine correptæ concidunt.* VII, 10, p. 375.

(2) Traduction de M. Littré. « Index suis invalidæ cruor in radice setæ dorso evulsæ, caput obliquum in incessu. » *Hist. nat.*, lib. VIII, c. LXXVII, p. 353, t. I.

prétexte. D'ailleurs, il n'y a point, à proprement parler, de signes extérieurs nettement visibles chez le porc ladre.

M. le docteur Delpech, qui à ses propres observations a joint les résultats connus de la pratique vétérinaire, remarque précisément qu'on n'observe pas dans la ladrerie du porc le gonflement des ganaches. En général, il n'y a point de signes apparents qui révèlent les désordres intérieurs, et il arrive souvent qu'on abat, pour les livrer à la consommation, des porcs très-sains en apparence, et qui, à l'ouverture, se trouvent infectés de ladrerie (1).

Cette question de nomenclature et de synonymie étant vidée, reprenons la description de la ladrerie, d'après Aristote (2).

Ce grand observateur ne connaissait ni la cause ni la nature de la maladie qu'il a si bien décrite. Il l'attribuait à l'humidité des chairs, d'après leur aspect; car elles sont comme infiltrées par ces grêlons ou grains de ladrerie, qui ressemblent à des vésicules transparentes. Aristote avait certainement vu ces vésicules logées entre les interstices cellulaires qui séparent les muscles, et il a noté, comme les régions le plus ordinairement atteintes, les membres antérieurs, le cou et les épaules.

Les observations des modernes confirment le dire d'Aristote. « Ce sont les muscles de la langue, du cou et des épaules qui sont le plus fréquemment, et, en général, le plus profondément atteints » (3).

Aristote n'avait pas seulement constaté cette espèce d'infiltration des chairs des porcs ladres, χαλαζώδεις δ' εἰσὶ τῶν ὑῶν αἱ ὑγρόσαρκοι, signe qui n'est visible qu'après la mort et à l'ouverture de l'animal. Il connaissait aussi le signe extérieur le plus infaillible chez l'animal vivant : la présence des vésicules ou grêlons de ladrerie sur la face inférieure de la langue. C'est à cet endroit surtout, dit-il, que se montrent les grêlons, μάλιστα; et ce signe est une manifestation certaine de la maladie, δῆλαι δ' εἰσὶν αἱ χαλαζῶσαι.

L'observation des modernes est encore d'accord avec lui sur ce point :

(1) Voyez tout le chapitre v du mémoire de M. Delpech, sur le *Diagnostic de la ladrerie*, et notamment les pages 57-60.

(2) Χαλαζώδεις δ' εἰσὶ τῶν ὑῶν αἱ ὑγρόσαρκοι, τά τε περὶ τὰ σκέλη καὶ τὰ περὶ τὸν τράχηλον καὶ τοὺς ὤμους, ἐν οἷς μέρεσι καὶ πλεῖσται γίνονται χάλαζαι· κἂν μὲν ὀλίγας ἔχῃ, γλυκυτέρα (γλυκερά) ἡ σάρξ, ἂν δὲ πολλάς, ὑγρὰ λίαν καὶ διάχυλος γίνεται. Δῆλαι δ' εἰσὶν αἱ χαλαζῶσαι· ἔν τε γὰρ τῇ γλώττῃ τῇ κάτω ἔχουσι μάλιστα τὰς χαλάζας, καὶ ἐάν τις τρίχας ἐκτίλλῃ ἐκ τῆς λοφιᾶς, ὕφαιμοι φαίνονται· ἔτι δὲ τὰ χαλαζῶντα τοὺς ὀπισθίους πόδας οὐ δύνανται ἡσυχάζειν. οὐκ ἔχουσι δὲ χαλάζας, ἕως ἂν ὦσι γαλαθηναὶ μόνον. Ἐκβάλλουσι δὲ τὰς χαλάζας ταῖς τίφαις...... Χαλαζᾷ δὲ μόνον τῶν ζώων ὧν ἴσμεν ὗς. *Anim. Hist.*, VIII, XXI, t. I, p. 603-604 de l'édition Becker. — Nous avons, bien entendu, tenu compte des variantes. Cf. l'édition du docteur N. Piccolos, Paris, 1863, in-8, p. 311-312.

(3) Mémoire du docteur Delpech, p. 43.

« C'est vers la base de la langue et vers les parties latérales du frein que l'on aperçoit le plus grand nombre de cysticerques. Ils constituent des élevures opalines, demi-transparentes, globuleuses ou ovoïdes, qui soulèvent la muqueuse en nombre très-variable. Le doigt passé sur ces vésicules en reconnaît facilement la saillie (1). » Et plus loin, parlant encore de ces vésicules visibles et palpables qui se montrent sous la langue : « C'est, avec les cysticerques de la conjonctive, dit le docteur Delpech, le seul signe extérieur de cette affection parasitaire réellement probant (2). »

C'est donc avec raison qu'Aristote a placé ce symptôme pathognomonique avant les deux autres qu'il signale et qui, étant moins fréquents, n'ont pas une égale importance. Tous les vétérinaires n'admettent pas, par exemple, que les soies arrachées sur la crête ou la crinière du cou et du dos présentent un gonflement et une gouttelette de sang à la racine; ce signe manquant souvent. Mais quelques-uns des plus accrédités, parmi les auteurs de traités classiques sur la pathologie animale, constatent ce symptôme et remarquent, en outre, que les soies du porc ladre sont moins adhérentes.

On a vu que Pline attribue ce symptôme particulier à toutes les maladies du porc indistinctement; du moins, sa façon de dire justifie cette interprétation.

Aristote achève le tableau des signes diagnostiques de la ladrerie, par ce trait : « De plus, l'animal ladre ne peut se tenir tranquille sur ses pieds de derrière. » A la vérité, cette phrase présente quelque amphibologie, et sa construction peut justifier deux interprétations, en apparence différentes, mais qui aboutissent à une signification identique. M. Delpech n'a pas eu probablement recours au texte grec pour résoudre la difficulté, et il a raisonné ainsi, d'après le sens qu'il a cru saisir dans la version latine de ce passage : « Un certain degré d'anesthésie ou d'analgésie du tégument externe, l'état de tristesse et de stupidité de l'animal, qui reste couché, et qui suit difficilement le troupeau, semblent peu en rapport avec l'agitation constante, portant surtout sur le train de derrière, indiquée par Aristote (3). »

La réflexion serait juste, si l'observateur moderne pouvait démontrer que cette paraphrase du passage d'Aristote rend bien exactement le sens du texte; mais je crains, en vérité, que l'interprétation ou l'explication de M. Delpech ne soit infidèle.

En premier lieu, Aristote ne parle point d'agitation de l'animal atteint

---

(1) Delpech, *Mémoire*, p. 43. Voyez encore p. 45-46.

(2) *Id.*, p. 48.

(3) Page 57.

de ladrerie; par conséquent, il ne dit pas que cette agitation soit constante, et l'on ne peut, en suivant le texte, affirmer, avec M. Delpech, que cette agitation constante du porc ladre porterait, d'après Aristote, sur le train de derrière. Le texte grec ne renferme rien de pareil : Ἔτι δὲ τὰ χαλαζῶντα τοὺς ὀπισθίους πόδας οὐ δύνανται ἡσυχάζειν.

Jules-César Scaliger, dont M. Delpech a suivi, je crois, l'interprétation latine, traduit ainsi : *Propterea qui sic sunt affecti, posterioribus pedibus nequeunt quiescere.* J.-G. Schneider, qui a reçu la version de Scaliger, revue par lui et corrigée, pour sa savante édition de l'*Histoire des animaux*, a conservé cette interprétation en substituant seulement, et avec raison, un adverbe à un autre : *prœterea* à *propterea*. Mais la version de Scaliger ne donne pas un sens clair et précis; car, en adoptant cette version amphibologique, on peut entendre indifféremment que les porcs ladres ne peuvent se tenir tranquilles ou en repos sur leurs pieds de derrière, ou bien qu'ils ne peuvent se reposer, se tenir sur leurs pieds de derrière.

Or, cette dernière interprétation, bien différente de la première, est, selon nous, la véritable et la seule admissible.

Théodore Gaza, qui était Grec et connaissait à fond la vieille langue classique, n'a pas hésité à traduire ainsi : *Pedibus etiam posterioribus constare non possunt, qui grandent* (1). *Constare* détermine sans équivoque possible et bien mieux que *quiescere*, le vrai sens du verbe ἡσυχάζειν, dont on ne saurait en aucun cas faire un verbe actif. Ce verbe, remarque Suidas, d'accord avec tous les grammairiens, et se conformant à la syntaxe des bons auteurs, ce verbe s'emploie avec le datif; en d'autres termes, ce verbe n'est pas actif, il est neutre (2). Par conséquent, on ne saurait, sans faire un grossier contre-sens, traduire ainsi le passage en question : « Les porcs ladres ne peuvent tenir en repos leurs pieds de derrière, » malgré l'accusatif ὀπισθίους πόδας; cet accusatif n'étonnera point ceux qui ont l'habitude des textes grecs, et notamment des auteurs attiques. Cette construction est fréquente et équivaut à cette tournure de phrase : « Quant à leurs pieds ou à leur train de derrière, ils ne peuvent se tenir, se reposer, *constare non possunt;* de telle sorte qu'ils sont obligés de rester couchés ou accroupis.

Aristote n'a pas vu les choses autrement que M. Delpech, et il a voulu parler évidemment, non pas d'une agitation constante, mais de la faiblesse des membres postérieurs et de l'arrière-train : « L'animal reste couché et

(1) Tome I, p. 562 de l'Aristote grec-latin d'Is. Casaubon. — Voyez la traduction de J.-C. Scaliger, avec les corrections de Schneider, dans l'édition d'Aristote de l'Académie de Berlin, t. III, p. 299.

(2) Ἡσυχάζω. δοτικῇ, t. I, p. 907 de l'édition de Gaisford, revue par Bernhardy.

suit difficilement le troupeau, » dit fort bien M. Delpech, dont l'observation exacte rectifie l'interprétation vicieuse du texte grec. Du reste, le symptôme si grave signalé par Aristote ne peut s'appliquer qu'à un état très-avancé de la ladrerie.

Ayant énuméré les principaux signes qui révèlent le mal, Aristote fait une de ces observations générales très-familières à son génie, et qu'il présente, selon son habitude, sous la forme sentencieuse et concise d'un aphorisme : « Les porcs, dit-il, n'ont point de grêlons tant qu'ils sont à la mamelle et ne se nourrissent que de lait, οὐκ ἔχουσι δὲ χαλάζας, ἕως ἂν ὦσι γαλαθηναὶ μόνον. Le sens de la phrase est très-clair, très-précis : les cochons de lait ne sont pas ladres, aussi longtemps du moins que le lait de la truie est leur unique aliment.

Dans ce passage, Aristote est encore d'accord avec les observateurs et les expérimentateurs modernes.

Sans contester la possibilité de la transmission de la ladrerie par hérédité, sans nier absolument ce mode de propagation sur lequel on n'a recueilli jusqu'ici que des indications douteuses, M. Delpech, fort de ses propres observations et de l'autorité des observateurs, dont il analyse les travaux et reproduit les opinions, n'admet comme incontestable et positif que le mode ordinaire : c'est par ingestion des fragments ou des œufs du *tænia solium* de l'homme, que l'affection parasitaire se développe chez les porcs. Quant à la transmission directe de la truie aux gorets, les faits qu'il a pu recueillir sont trop exceptionnels, et les hypothèses qu'il propose trop subtiles pour qu'on puisse accepter comme démontré ce mode de propagation. En tout cas, la transmission se ferait uniquement par la truie, et non par le verrat.

M. Delpech pense que lorsque la ladrerie est congénitale, le signe important manque le plus souvent, tant que l'affection parasitaire n'a pas fait de grands progrès; tandis que, lorsque la maladie se propage suivant le mode ordinaire, les vésicules sublinguales ne font presque jamais défaut (1).

Aristote, qui n'avait point le secret de cette maladie, puisqu'il n'en connaissait ni l'origine ni la nature, a pourtant, suivant sa méthode d'induction, tiré des conclusions générales très-justes des observations telles qu'il pouvait les faire. Ce qu'il ajoute sur les soins qu'il faut donner au régime de l'espèce porcine, prouve assez qu'il raisonnait d'après l'expérience : nourriture saine, abondante, variée surtout, c'était là le grand remède et toute la prophylaxie. Et non content de donner un précepte général, il

(1) Cf. *Mémoire*, ch. III, p. 40.

détermine et précise les substances qui conviennent le mieux pour nourrir et engraisser les animaux de cette espèce, la bonne nourriture, χρήσιμον, et l'excellente, ἄριστον. Le régime qu'il prescrit est très-varié : des céréales, des légumes et des fruits de nature bien différente, les figues et les glands. On voit que rien d'essentiel n'a échappé à cet observateur sans pareil.

Citons le trait final, qui est comme un nouvel aphorisme : *De tous les animaux à nous connus, le porc seul est sujet à la ladrerie.*

Jusqu'à présent, cet aphorisme a toute la valeur d'un axiome.

Les observations des modernes ont démontré que l'usage des viandes de porc atteint de ladrerie développe chez l'homme le *tænia solium*. Cet entozoaire n'est autre chose que le cysticerque développé. En autres termes, le cysticerque contenu dans les vésicules du porc ladre, que les anciens appelaient grêlons (χάλαζαι), est le *tænia solium* à l'état de larve ; et l'on sait maintenant que c'est par l'ingestion des fragments ou des œufs du *tænia* de l'homme que se produit la ladrerie chez le porc. Les animaux de l'espèce porcine qui vivent d'immondices, qui se vautrent dans l'ordure, qui ne sont soumis ni à un régime alimentaire sain et varié, ni à des soins de propreté, deviennent ladres. Le sanglier n'est jamais atteint de ladrerie.

Ainsi, cette affection parasitaire va de l'homme à l'animal et revient de celui-ci à l'homme, sous deux formes différentes, qui ne sont que les deux phases du développement de l'entozoaire.

Il faut noter cependant, comme une observation qui paraît certaine, la présence du *tænia* chez les personnes qui font usage de la viande de bœuf crue. Ce singulier régime est habituel aux populations chrétiennes de l'Abyssinie, et le *tænia* est, pour ainsi dire, une maladie endémique parmi les chrétiens d'Abyssinie. Il n'est pas toutefois démontré que l'entozoaire qui se produit sous l'influence de ce régime soit exactement le *tænia solium;* les observations de Leuckart à ce sujet n'ont pas encore subi le contrôle d finitif de l'expérience. D'ailleurs, chaque espèce de *tænia* provenant d'une larve, et cette larve se développant en passant d'un animal dans un autre, il s'agirait de démontrer que le cysticerque observé dans la chair du bœuf est de la même espèce que celui qu'on observe dans les chairs du porc ladre.

Cette démonstration, si elle était faite, serait contraire aux lois reçues en zoologie. Les cysticerques doivent varier, de même que les *tænias*, suivant les espèces. Le cysticerque de la souris, qui devient *tænia* chez le chat, n'est pas le même que celui du lapin ou du lièvre, qui devient *tænia* chez le chien. Le bœuf, ruminant et herbivore, ne peut offrir dans ses chairs des cysticerques identiques, de tout point semblables à ceux du porc, animal omnivore et pachyderme. On sait, d'ailleurs, que le porc domestique ne devient ladre d'ordinaire que par l'ingestion de substances animales corrompues, et notamment d'excréments humains. On sait comment la ladrerie se produit communément chez le porc, et l'on se demande comment le *cysticercus cellulosus*, qu'on observe dans l'épaisseur des muscles et du tissu cellulaire du porc ladre, se développerait chez le bœuf.

Il y a là évidemment un secret qui sera peut-être révélé plus tard; mais tant que la question n'aura pas été éclaircie, c'est le porc qui restera seul en possession de ce cysticerque celluleux qui constitue la ladrerie, et qui, passant du porc dans les voies digestives de l'homme, se transforme en *tænia solium* (1).

Encore une remarque avant de clore ce commentaire :

« Si la chair (du porc ladre) est légèrement sursemée, dit Aristote, elle est douce; si elle l'est fortement, elle paraît infiltrée et devient insipide (2). »

Qu'est-ce que cela veut dire? Il me semble que le vrai sens est celui-ci : Lorsque le porc est légèrement atteint, sa viande est douce, agréable au goût, comme à l'ordinaire, ou peut-être un peu douceâtre et fade, si l'on admet dans le texte le comparatif γλυκυτέρα. Si, au contraire, les grêlons sont en grand nombre, la viande du porc ladre est humide, infiltrée, insipide, et constitue, par conséquent, une mauvaise alimentation. On pourrait entendre, à la rigueur, qu'elle est difficile à digérer ou qu'elle nourrit peu, ne produit pas beaucoup de chyle.

L'observation d'Aristote à ce sujet est en pleine conformité avec celle des modernes. La viande de porc ladre, même lorsque la cuisson l'a rendue inoffensive, en détruisant les cysticerques, reste indigeste et peu appétissante; elle est d'un goût désagréable. « A une période avancée de la ladrerie, pour emprunter les propres termes de M. Delpech, elle est dégoûtante et sans emploi alimentaire possible (3). »

On voit qu'Aristote, qui n'a rien oublié d'essentiel dans ce chapitre si plein à la fois et si concis, n'a eu garde de négliger la question d'hygiène. Il a été copié, ou du moins suivi de très-près par Rufus, dans le premier

(1) Voyez sur cette question controversée, le mémoire du docteur Delpech, ch. I, p. 23-26.

(2) Κἂν μὲν ὀλίγας ἔχῃ, γλυκυτέρα ἡ σάρξ, ἂν δὲ πολλὰς, ὑγρὰ λίαν καί διάχυλος γίνεται. Je préfère la leçon adoptée par Théodore Gaza : γλυκερὰ ἡ σάρξ..... καὶ ἄχυλος γίνεται. Ces deux variantes sont fournies par deux excellents manuscrits du Vatican.

(3) *Mémoire*, ch. IX, p. 105. Cf. le ch. V : *De la viande de porc ladre employée pour l'alimentation de l'homme*, p. 67 (p. 214 du t. XI des *Annales d'hygiène*, etc.).

livre *Du régime*. Voici comment s'exprime ce médecin au sujet de l'usage des viandes infectées de ladrerie et des précautions qu'il faut prendre pour en atténuer les effets :

« On doit admettre que les grêlons, qu'on trouve dans les chairs, et qui se forment chez les porcs, rendent, s'ils sont en petit nombre, la viande plus agréable; mais que, s'ils sont plus nombreux, ils la rendent plutôt humide et désagréable. Il faut donc tâcher d'éviter de se servir de viandes pareilles; si l'on est obligé parfois de les employer, il faut y ajouter un peu de cire, ou, lorsqu'on les fait rôtir, graisser la broche de cire. On reconnaîtra chez l'animal vivant s'il y a des grêlons, en inspectant le voisinage de la langue; car c'est là que se révèle la maladie, ainsi qu'aux pieds de derrière, parce qu'ils sont toujours en mouvement. Ceux qui veulent hâter la cuisson ajoutent, les uns du *natron*, d'autres du suc de *silphium*, d'autres de la cire, d'autres du suc de figues et surtout celui des figues sauvages » (1).

Ce passage de Rufus est très-curieux; et les particularités qu'il renferme mériteraient d'être mises en relief dans un commentaire savamment élaboré. Mais nous ne voulons pas recommencer pour Rufus ce que nous venons de faire pour Aristote. Quelques remarques suffiront.

D'après le contexte de la première phrase, il semble que Rufus croyait que la ladrerie n'était pas une maladie particulière au porc, et que d'autres animaux pouvaient en être atteints. Le texte grec, qui ne me paraît pas avoir été scrupuleusement rendu dans la version française, porte ceci : « Les grêlons (ou grains de ladrerie), qui s'engendrent dans les viandes, et notamment dans celles du porc, » suivant le manuscrit de Moscou, ou encore « dans les chairs du porc, par exemple, » suivant le texte adopté par les deux éditeurs d'Oribase. Le reste de la phrase est à peu près une copie exacte de la réflexion d'Aristote, à savoir que les grêlons en petit nombre rendent la viande douceâtre ou plus douce, et qu'en grand nombre ils la rendent très-humide et désagréable au goût.

Rufus, on le voit, connaissait les mauvaises conditions de saveur et de digestibilité de cette viande, et il recommande d'en éviter l'usage.

---

(2) Dans Oribase, *Collect. méd.*, liv. IV, ch. II, p. 271-272, t. I de l'édit. grecque-française de Bussemaker et Daremberg. Voici le texte de Rufus : Χαλάζας δὲ τὰς ἐν τοῖς κρέασι γινομένας (μάλιστα), d'après Schneider) ὡς ἐν τοῖς ὑσὶν (δὲ ἐν τοῖς ὑείοις, d'après le manuscrit de Moscou suivi par Schneider) ἡγοῦ τὰς μὲν ὀλίγας ἡδίω τὴν σάρκα ποιεῖν, τὰς δὲ πλείους ὑγροτέραν καὶ ἀηδεστέραν. Πειρᾶσθαι μὲν οὖν μὴ χρῆσθαι τοῖς τοιούτοις· εἰ δέπου δέοι, κηροῦ προσεμβάλλειν βραχύ· ὀπτῶντας δὲ τοὺς ὀβελοὺς τῷ κηρῷ χρίειν. Διαγνώσῃ δὲ ἔτι ζῶντος τοῦ ἱερείου, εἰ ἔνεισι χάλαζαι, παρά τε τὴν γλῶσσαν σκεπτόμενος. διασημαίνει γὰρ ἐνταῦθα, καὶ τοῖς ποσὶ τοῖς ὄπισθεν· οὐ γὰρ δύνανται ἀτρεμεῖν. Ὅσοι δὲ θᾶσσον βούλονται ἕψειν οἱ μὲν νίτρον ἐμβάλλουσιν, οἱ δὲ ὀπὸν σιλφίου, οἱ δὲ κηρὸν. οἱ δε τῆς κράδης καὶ μᾶλλον τῶν ἐρινεῶν. Περὶ σκευασ. ἐδεσμάτ. ἐκ τῶν Ρούφου.

Quant aux précautions et moyens qu'il prescrit pour en atténuer les effets, si l'on ne peut faire autrement que d'en manger, si l'on est forcé de subir cette alimentation, εἰ δέ που δέοι, ils semblent d'une efficacité douteuse; ce sont des recettes d'empirique.

Remarquons que Rufus, dans l'énumération des symptômes de la ladrerie, n'a pas noté celui qui est rangé le second dans l'énumération d'Aristote, à savoir l'inflammation de l'extrémité des soies de la crête du dos adhérentes au derme.

Rufus n'indique pas non plus le remède fourni par Aristote contre la ladrerie du porc. Suivant Aristote, le porc ladre guérit, se débarrasse des grêlons, pour serrer de près le texte grec, ἐκβάλλουσι δὲ τὰς χαλάζας ταῖς τίφαις, en se nourrissant de petit épeautre ou d'une sorte de blé, car on ne sait pas au juste la signification précise du mot τίφη, que quelques lexicographes font synonyme d'ὄλυρα. Il s'agit certainement d'une céréale quelconque de la famille des graminées.

De ce passage d'Aristote il faut rapprocher celui de Columelle, où il est question du traitement auquel il faut soumettre les porcs atteints de strumes ou de tumeurs au cou : « Il faut scarifier la région sublinguale, et, lorsque le sang aura coulé en quantité suffisante, on frottera toute la gueule avec un mélange de sel et de farine de blé, *sale trito cum farina triticea.* »

Aristote, parlant de ce remède comme d'une bonne nourriture pour le porc, il n'est guère possible d'accorder une autre signification au mot τίφαις, dont l'accentuation et l'orthographe varient d'ailleurs suivant les éditions (1).

Les vétérinaires regardent la ladrerie comme une maladie incurable et conseillent d'abattre sans retard le porc qui en est atteint. Il y a apparence, en effet, que le porc ladre ne peut être guéri, si tant est qu'il le puisse, qu'au début de la maladie. Dans tous les cas, le plus certain c'est de prévenir l'affection parasitaire par des soins de propreté et par un régime sain et varié, tel à peu près que le recommande Aristote. On ne peut d'ailleurs rejeter, comme une fable, l'assertion d'Aristote sur la possibilité de guérir les porcs ladres : la possibilité de guérir ne dépend peut-être que du degré

(1) Quelques manuscrits donnent στιφαῖς. Les éditeurs de Berlin écrivent τιφαῖς. J'ai noté, dans Suidas, une glose d'un très-ancien manuscrit que Gaisford a peut-être eu tort de rejeter dans son édition. La glose est ainsi : Τίφη. ἡ καλουμένη σίλφη. ἐστὶ δὲ ζῷον κανθαρῶδες. (Suidas, édition Bernhardy, t. II, p. 1158, dans les notes.) C'était une espèce de scarabée, un coléoptère de la famille des cantharides. Σίλφη· εἶδος ζωυφίου, une espèce d'animalcule, suivant la définition de Suidas, p. 751 du t. II. — Cf. le 2e scoliaste d'Aristophane sur le vers 920 des *Acharnaniens*, p. 22 de l'édition Dübner.

de la maladie. Celle-ci peut se borner, rester circonscrite à certaines parties, ne pas se généraliser. Chez le sanglier, par exemple, on constate parfois des vésicules ou grêlons; mais, chez le sanglier, l'infection générale, la cachexie, qui résulte de la ladrerie proprement dite, n'a pas encore été observée. Aristote a voulu parler probablement des cas analogues à cet état local, qui constituerait en fait une espèce de ladrerie ébauchée, bénigne, légère ou volante (1).

Parmi les causes prédisposantes de la ladrerie du porc, il n'en est pas de plus efficace que l'incurie et la malpropreté. En France, c'est la race limousine qui présente le plus grand nombre de sujets ladres, parce que de toutes les races porcines elle est la plus mal nourrie et la plus abandonnée. M. Delpech a très-bien exposé les causes secondaires de la ladrerie, et ses réflexions à ce sujet sont très-justes. On peut en tirer cette conclusion : Dans l'intérêt de la santé publique, il faut veiller au bien-être des animaux qui servent de nourriture à l'homme. La ladrerie et le *tænia* disparaîtraient à coup sûr, si les règles de l'hygiène et de la salubrité étaient strictement observées en tous lieux.

III.

Le langueyage. — Aristophane.

Le chapitre d'Aristote sur la ladrerie du porc nous a retenu longuement : il fallait montrer de quelle importance il est pour l'histoire de cette affection, donner, chemin faisant, des explications indispensables et relever ou rectifier quelques erreurs de fait ou d'interprétation.

Dans cette partie, toute scientifique, le lecteur judicieux aura remarqué que bien des conditions sont requises pour expliquer et commenter un vieux texte. Il remarquera dans la section suivante, qui est plus littéraire, que, dans l'étude des antiquités médicales, tous les témoignages doivent être reçus, et que la connaissance des prosateurs et des poètes en tout genre peut être d'un grand secours pour l'histoire des sciences et en particulier de la médecine.

On trouve çà et là, dans les anciens écrits des médecins et des naturalistes, des points obscurs qui deviennent clairs et lumineux lorsqu'un passage de quelque auteur étranger aux choses de l'art nous ouvre la voie et nous conduit au vrai sens de l'énigme. Pour l'interprétation et la saine intelligence des écrits de l'antiquité, c'est à l'antiquité qu'il faut demander la clef et le flambeau ; c'est des anciens auteurs, quels qu'ils soient, qu'il faut s'aider pour bien entendre les anciens ouvrages.

---

(1) Cf. Delpelch, *Mémoire*, ch. II : *Des causes secondaires de la ladrerie du porc*, p. 27.

Ce que Cicéron a remarqué à propos de la philosophie n'est pas moins vrai de l'antiquité. Ici aussi, il faut tout savoir, c'est-à-dire, autant que possible, connaître les plus petits détails et minuties, si l'on veut embrasser l'ensemble. En fait d'études anciennes, savoir peu vaut autant que ne rien savoir. C'est le cas de répéter la réflexion de l'auteur hippocratique de l'opuscule intitulé *la Loi* : « Savoir, dit-il, c'est la science, croire savoir, c'est l'ignorance. »

Après Aristote, il faut interroger Aristophane, qui a parlé aussi de la ladrerie dans une de ses pièces. A la vérité, le texte de l'auteur comique n'a pas la même importance que le chapitre du philosophe naturaliste, et c'est à cause de cela que, dans l'examen des deux passages, nous n'avons pas suivi l'ordre chronologique.

L'exposition scientifique de la ladrerie étant donnée, telle que la connaissaient les anciens observateurs, il est bon de savoir comment on procédait pour constater la présence des grêlons ou vésicules, qui sont le symptôme le plus saillant de l'affection parasitaire. Aristote dit qu'on reconnaît la ladrerie du porc aux grêlons qui se montrent à la partie inférieure de la langue ou à la surface de la région sublinguale, ἔν τε γὰρ τῇ γλώττῃ τῇ κάτω (ou encore, τῆς γλώττης τῷ κάτω) ἔχουσι μάλιστα τὰς χαλάζας.

Rufus, de son côté, est encore plus explicite : « Vous reconnaîtrez, dit il, pendant la vie de l'animal, s'il y a des grêlons, en examinant la langue et les parties voisines, car c'est là qu'apparaît ce signe : Διαγνώσῃ δὲ, ἔτι ζῶντος τοῦ ἱερείου, εἰ ἔνεισι χάλαζαι, παρά τε τὴν γλῶσσαν σκεπτόμενος· διασημαίνει γὰρ ἐνθαῦτα. »

Le médecin grec, on le voit d'après ce passage, dit expressément qu'il faut examiner, inspecter le voisinage de la langue, et s'assurer de la présence des grêlons, qui sont dans cette région un signe infaillible de la maladie. Il s'agit d'un examen direct, d'une véritable inspection, σκεπτόμενος, en vue d'établir un diagnostic certain, διαγνώσῃ. C'est là que se manifeste avec évidence le symptôme révélateur, ou pathognomonique, διασημαίνει γὰρ ἐνθαῦτα.

A ne consulter que ce passage de Rufus et celui d'Aristote, on croirait volontiers que c'est la science, l'observation scientifique qui a révélé le secret et donné le procédé en usage pour reconnaître le mal; et en croyant cela, on se tromperait. Ici, comme le plus souvent, c'est l'expérience commune qui a ouvert la voie et conduit l'art; et il y a grande apparence que le procédé était passé en usage bien avant que la science l'eût noté et indiqué. Les bouchers et les cuisiniers doivent ici passer avant les naturalistes et les médecins, comme les sacrificateurs, avant les anatomistes; car, de même que les anatomistes n'ont pas été les premiers à ouvrir des animaux et à examiner leurs entrailles, de même les naturalistes et les médecins ont appris des bouchers et des cuisiniers à ouvrir la gueule du porc, pour reconnaître la présence des grêlons de la ladrerie.

Cette opération, qui s'appelle *langueyage*, est de date fort ancienne; on n'en connaît pas, à vrai dire, l'origine.

Il est probable que la présence des grêlons sous la langue n'avait pas échappé à ces sacrificateurs-bouchers des temps héroïques, où l'on faisait du porc un si fréquent usage, soit pour les sacrifices, soit pour la consommation. Le langueyage doit être de l'invention des porchers.

Aristophane parle de cette opération comme d'une chose reçue et passée en usage, et il en parle par manière de comparaison, de façon pourtant à la bien décrire. C'est dans la comédie des *Chevaliers*, à l'endroit où Cléon, ce personnage si maltraité par le poète comique, se dispute grossièrement avec le charcutier Agoracrite en présence du chœur, lequel, comme on pense bien, ne manque pas d'intervenir pour accabler le pauvre Cléon. Les injures, de part et d'autre, sont des métaphores plus que transparentes, ou des allusions empruntées de la profession des deux interlocuteurs. Cléon, avant de se mêler des affaires publiques, était de son état marchand de cuirs, βυρσοπώλης. Qu'on se figure toutes les sottises et gravelures que doivent débiter sur la scène un marchand de cuirs se disputant avec un marchand de saucisses, et répétant ce que leur fait dire Aristophane, le plus cruel et le plus dévergondé des pamphlétaires. Jamais auteur comique ne mania plus impitoyablement le fouet de la satire.

Donnons brièvement une idée de la pièce.

Cléon, représenté par le poète sous les traits d'un esclave de Paphlagonie, nouvellement acheté, a pour maître un personnage qu'on appelle le peuple. Au service de ce maître sont deux autres esclaves qui s'efforcent de supplanter leur compagnon d'esclavage; ils mettent en avant un mauvais drôle de charcutier, d'une détestable réputation, comme étant plus capable que Cléon pour gérer les affaires du Peuple. Ces deux esclaves sont tout simplement les généraux Démosthène et Nicias, dont Cléon avait préparé la disgrâce, ou provoqué, comme on dirait aujourd'hui, la destitution, en se faisant nommer à leur place pour hâter la reddition de la ville de Pylos, autrement dite Sphactérie, que ces généraux assiégeaient depuis longtemps sans résultat, au grand mécontentement du peuple. Cléon, porté par la faveur populaire à la direction du siége de Sphactérie, et mettant à profit les avantages qu'avaient remportés ses prédécesseurs disgraciés, put tenir sa promesse : avant le terme de vingt jours assigné par lui, il avait pris la ville assiégée.

Aristophane, qui était du parti de l'aristocratie, ne put souffrir sans protester le triomphe et les prétentions de ce démagogue, et, l'accusant d'incapacité et de malversation par l'organe de ses deux ennemis les plus déclarés, qui étaient après tout des hommes de valeur, il lui donne pour rival et compétiteur un chenapan, un de ces marchands ambulants qui vendaient des tripes dans les rues d'Athènes. Humiliant à la fois Cléon et le peuple athénien, trop docile aux volontés de ce démagogue, il se plaît à montrer combien ce misérable charcutier est honnête et capable en comparaison de ce marchand de cuirs, de ce général improvisé, de ce chef détesté de la démagogie.

Les deux concurrents se trouvent en présence une première fois et se disputent furieusement, sans vergogne, devant le chœur composé des chevaliers d'Athènes; d'où le titre de la pièce. Cléon, poussé à bout, et par son adversaire et par les juges du concours, qui lui témoignent ouvertement leur mépris, feint de les considérer comme des conjurés contre l'État, et, fort de son autorité, il s'échappe et se dirige vers l'assemblée du peuple. Mais son compétiteur s'attache à ses pas, le rejoint bientôt et la lutte ou, pour mieux dire, l'assaut recommence entre les deux rivaux, en présence du juge souverain. Le dialogue, vif et rapide, commence sur le ton de la dispute et finit par de sanglantes invectives. Le pauvre Cléon est criblé de satires, d'injures, d'objurgations véhémentes; il a beau se défendre, son adversaire l'accable, le terrasse, l'écrase et fait si bien, que le tribunal populaire penche évidemment du côté de ce vainqueur impitoyable, qui vient de renverser et de salir son idole.

Désespéré de sa défaite, et pressentant sa disgrâce imminente, Cléon propose, comme dernière ressource, de faire largesse au peuple; il lui promet chère-lie. Mais Agoracrite déclare qu'il est prêt, de son côté, à satisfaire l'appétit de ce grand mangeur, que l'on mène à son gré en le gorgeant de friandises. Finalement, le peuple, embarrassé et hésitant, remarque les corbeilles des deux compétiteurs, les examine et trouve celle du charcutier vide, et celle de Cléon remplie jusqu'aux bords, preuve convaincante que ce dernier pille le peuple et le gruge, pour emprunter le langage familier. En autres termes, Cléon est un voleur du bien public, et, en conséquence, il se voit réduit à céder à son rival l'administration des affaires qu'il a si mal gérées. Le charcutier s'acquitte fort consciencieusement de ses nouvelles fonctions d'administrateur: grâce à son zèle, le peuple se refait à vue d'œil, il se transforme et paraît tout autre. Agoracrite triomphe, et, pour comble d'humiliation, Cléon, revêtu du costume d'Agoracrite, est forcé d'aller à son tour par la ville, vendant à la populace des saucisses et des boudins.

Cette pièce, qui est, suivant la remarque d'un ancien commentateur, une des mieux faites d'Aristophane, τὸ δὲ δρᾶμα τῶν ἄγαν καλῶς πεποιημένων, se réduit à une satire virulente et toute en allégories. Cléon est un esclave paphlagonien au service d'un maître nommé Peuple, dans une maison qui s'appelle Athènes. Ses deux compagnons d'esclavage sont deux des citoyens les plus considérables de la république. Le rival de Cléon est un homme de rien, le premier venu, un de ces aventuriers dont le peuple d'Athènes faisait volontiers la fortune, pourvu que satisfaction fût donnée à ses appétits et convoitises. L'accusateur des vices du maître et des malversations du premier de ses esclaves, c'est Aristophane lui-même, qui venge son parti et se venge, non sans faire sévèrement la leçon à la démagogie.

Molière s'est souvenu de cette pièce, en écrivant le *Médecin malgré lui*, dont le personnage principal est évidemment imité de celui d'Agoracrite, cet imbécile qui finit par se persuader, à force de se l'entendre dire, qu'il est né avec tous les talents nécessaires pour gouverner excellemment.

Comme Molière, Aristophane jouait parfois dans ses propres pièces. Quand la comédie des *Chevaliers* fut représentée pour la première fois, aucun comédien n'osa se charger du rôle de Cléon, tant ce démagogue était redouté, et ce fut le poète lui-même qui prit le masque de ce personnage et osa braver l'ire populaire (1).

Et maintenant que le lecteur connaît le sujet et les acteurs de la comédie d'Aristophane, passons à l'interprétation du passage que M. Delpech a reproduit et traduit dans son mémoire.

Cléon et Agoracrite sont en présence, et ils se disputent devant le chœur des chevaliers. Les discours des deux interlocuteurs sont remplis d'injures et de menaces à la fois très-plaisantes et très-grossières. Citons quelques vers qui précèdent le passage à examiner.

Agoracrite, parlant en vrai charcutier : « Je remuerai, dit-il à Cléon, ton boyau culier comme un intestin d'andouille », et plus loin : « Ton cuir sera tanné, tendu », réplique Cléon. Et l'autre aussitôt : « Je t'écorcherai, sac à rapine. » — « Tu seras par terre tanné ou tendu comme le cuir », reprend Cléon : « Je te découperai en détail. » — « Je t'arracherai un à un les cils des paupières. » — « Et moi, je te couperai le sifflet » (la gorge, avec ou sans figure).

C'est à cet endroit qu'un des deux esclaves, Démosthène, intervient et prononce ces vers curieux : « Et par Jupiter, enfonçons-lui un pieu dans la gueule, à la façon des cuisiniers, et puis, tirant fortement sa langue au dehors, nous examinerons à l'aise et bravement, par l'ouverture béante de son fondement, s'il est grêlé. » Comme ce passage présente plus d'une

(1) Ἐδιδάχθη τὸ δρᾶμα ἐπὶ Στρατοκλέους ἄρχοντος δημοσίᾳ εἰς Λήναια, δι' αὐτοῦ τοῦ Ἀριστοφάνους. (2ᵉ argument des *Chevaliers*, dans *Poetæ scenici græci* de G. Dindorf. Oxford, in-4, 1851, p. 438.)

difficulté, il faut le mettre sous les yeux du lecteur. Le voici d'après le texte de Guillaume Dindorf:

Καὶ νὴ Δί' ἐμβαλόντες αὐ —
τῷ πάτταλον μαγειρικῶς
ἐς τὸ στόμ', εἶτα δ' ἔνδοθεν
τὴν γλῶτταν ἐξείραντες αὐ —
τοῦ σκεψόμεσθ' εὖ κἀνδρικῶς
κεχηνότος
τὸν πρωκτὸν, εἰ χαλαζᾷ (1).

Comme les variantes de ce texte n'ont pas d'importance, on peut les négliger sans scrupule. Sachons donc comment ce passage doit être interprété.

M. le docteur Delpech, mécontent, non sans raison, des versions latines et des traductions françaises, rend ainsi les sept vers d'Aristophane : « Par Jupiter, introduisons-lui, comme font les cuisiniers, un levier dans la bouche, puis, attirant sa langue au dehors, nous regarderons bien en conscience, par ses mâchoires béantes jusqu'à son derrière, s'il est ladre (s'il a des grêlons) (2). »

Cette traduction est assez exacte, elle peut passer à la rigueur, mais jusqu'au cinquième vers seulement. Il n'est pas possible, en serrant de près le grec, de traduire comme M. Delpech les deux vers de la fin. Il ne s'agit point d'écarter les mâchoires jusqu'au fondement pour découvrir la ladrerie de Cléon. Ni la construction de la phrase, ni la syntaxe grecque, ni la signification des mots, ni la logique, surtout, n'autorisent pareille interprétation. Pour constater la présence des grêlons au fondement, il n'est pas nécessaire de se donner tant de peine ; le fondement a une ouverture naturelle, de sorte qu'il suffit de regarder cette ouverture pour apercevoir les grains de ladrerie, et l'on sait que les vésicules qui renferment le cysticerque caractéristique se montrent souvent à cet endroit, de même qu'aux conjonctives.

Mais il n'est pas bien sûr qu'Aristophane ait voulu parler de l'examen de cette région inférieure, ou bien, il a voulu parler d'une ouverture complète, par laquelle tout l'intérieur de l'animal se montre à découvert, car les cuisiniers, de même que les bouchers, procédaient en deux temps à l'inspection de l'animal égorgé ou abattu pour servir à la consommation. Ouvrant d'abord la gueule et faisant sortir la langue, c'est-à-dire la soulevant et tirant de côté, ils examinaient les parties voisines, le dessous de la langue et la région qu'elle recouvre, et cette inspection minutieuse leur révélait la présence des grêlons ou vésicules symptomatiques. C'était

(1) V. 375-381, p. 443 de l'édition des *Poetæ scenici græci*. Oxford, 1851, in-4.
(2) *Mémoire*, ch. I, p. 9.

comme le premier signe de la ladrerie ; mais ce signe manquant, ils ne pouvaient s'assurer de l'état sain ou malade du porc qu'en pénétrant dans l'intérieur des chairs et des viscères. D'ailleurs, la langue et les parties voisines pouvaient être grêlées sans que le reste du corps portât trace de ladrerie. Pareille chose arrive lorsque l'infection n'est qu'à son début, et il est probable que les anciens savaient cela aussi bien que les modernes, car ils étaient très au courant de tout ce qu'enseigne l'expérience, et ils excellaient aux observations. Mais ils savaient aussi que les signes qui se montrent sous la langue, dans un état avancé de ladrerie, annoncent infailliblement des signes analogues dans l'épaisseur des chairs et dans les viscères.

A cette occasion, il faut reproduire un passage du médecin Archigène, cité par Aëtius (1), et allégué fort à propos par Schneider, en son commentaire sur le chapitre XXI du livre VIII de l'*Histoire des animaux* d'Aristote.

Voici, d'après le texte grec reproduit par le savant commentateur, le passage très-curieux d'Archigène :

« Les veines se recourbent sous la langue et noircissent, de façon à montrer que les entrailles sont dans un état semblable, ainsi qu'on voit les parties internes de certains porcs (saupoudrées de ces tubercules), qu'on appelle petits grêlons (2). »

Nous ne ferons pas de longues réflexions sur ce texte.

Il s'agit probablement, dans ce passage d'Archigène, d'un état de cachexie très-avancé, dont le signe visible sous la langue du porc malade est la stase du sang et l'aspect variqueux des veines sublinguales. On pourrait soutenir, à la rigueur, qu'il est ici question d'une de ces maladies inflammatoires que les anciens vétérinaires et naturalistes, Aristote en tête, conseillaient de traiter par des scarifications sous la langue. Mais le chapitre d'Aristote, que nous avons commenté, et l'autorité de Columelle, alléguée dans notre commentaire, rendent cette interprétation inadmissible. Et de fait, que pourrait la scarification des veines qui sont sous la langue pour guérir une maladie générale, que l'on ne peut regarder comme étant distincte de la ladrerie, puisque Archigène s'explique très-nettement à ce sujet ? Car il n'est pas douteux qu'il n'ait voulu parler de cette affection, mais arrivée au dernier degré, au terme de son développement pathologique. Il ne peut être question dans ce passage que d'un engorgement

(1) *Tetrab.*, XIII, 120 : De certains porcs saupoudrés de ces tubercules qu'on appelle petits grêlons. — Voyez vers la fin un passage d'Arétée.

(2) Καὶ ὑπὸ τὴν γλῶτταν φλέβες κυρτοῦνται καὶ μελαίνονται, ὡς ἐμφαίνειν ὅτι ἐν ὁμοίᾳ τινὶ καταστάσει καὶ τὰ σπλάγχνα εἰσὶν, ὁποῖα βλέπεται καί τινων χοίρων τὰ ἐντὸς, ἃ δὴ χαλάζια καλεῖται.

produit par l'accumulation des vésicules ou grêlons, qui opposent à la circulation du sang un obstacle mécanique.

Quand les cuisiniers ou les bouchers découvraient sous la langue de l'animal ce signe noté par Archigène, ils devaient se hâter de l'ouvrir pour s'assurer de l'état intérieur, car il est probable, à n'en juger que d'après les remarques d'Aristote au sujet de la qualité, de la saveur de la viande de porc ladre, il est probable que cette viande était hors d'usage, ou exclue du moins de la consommation générale.

Revenons maintenant au texte de la comédie grecque, et remarquons qu'Agoracrite avait commencé par menacer Cléon de se servir de son boyau culier comme de ces gros intestins de porc qui servent à faire les andouilles et les saucisses, ἐγὼ δὲ κινήσω γέ σου τὸν πρωκτὸν ἀντὶ φύσκης. Remarquons encore qu'avant de le menacer de ce singulier supplice, il avait déjà parlé d'engloutir un ventre de porc,

Κοιλίαν ὑείαν καταβροχθίσας.

Est-il étonnant que voyant Agoracrite en de telles dispositions, l'esclave Démosthène, acharné à la perte de son compagnon Cléon, ait complété la métaphore du charcutier et trouvé, dans cette comparaison du démagogue athénien avec un pourceau, l'occasion de l'avilir et de le ravaler encore plus bas? « Et par Jupiter, semble-t-il dire au charcutier mis en appétit, puisque vous voulez faire de cet animal un plat de votre métier, puisque vous voulez en tâter, sachons d'abord s'il est ladre, et faisons comme les cuisiniers, qui commencent, à l'aide d'un levier introduit dans la gueule, par inspecter la langue et les parties voisines, et qui ouvrent ensuite l'animal pour reconnaître l'état des viscères. »

Démosthène n'oublie aucun détail de l'expertise ; il n'a pas oublié, par exemple, que le charcutier veut emprunter à Cléon l'enveloppe qui sert d'ordinaire à recouvrir les boudins et les andouilles. De là cette dernière opération qui doit compléter l'inspection de sûreté ou de salubrité.

Après y avoir bien réfléchi, cette interprétation me paraît être la seule qui soit conforme au texte lui-même et au sens général des pages précédentes. Il se pourrait aussi que, par un jeu de mots qui n'aurait rien de surprenant de sa part, Aristophane ait voulu faire entendre qu'il ne mettait aucune différence entre la bouche de Cléon et l'ouverture inférieure du tube digestif. Mais une conjecture de ce genre ne me semble pas indispensable pour donner aux vers du poète comique leur sens véritable.

Il est possible aussi que sous ces métaphores dignes de Rabelais, il y ait une allégorie. Démosthène ne veut-il pas dire, par exemple, qu'il faudrait voir ce que Cléon a dans le ventre, et qu'il serait temps de lui faire rendre gorge? Tout cela pourrait se concevoir, et cette interprétation serait d'accord avec la signification de la pièce. Il est bon de rappeler ici que Cléon fut condamné à une amende de 5 talents, pour s'être rendu coupable de corruption ou de vénalité (1). Aristophane, qui s'attache à mettre en relief tous les défauts, tous les vices et jusqu'aux travers de cet homme vain et incapable, n'a garde d'oublier l'avidité, la rapacité de ce successeur de Périclès, de ce rival redoutable et ridicule de Démosthène et de Nicias.

Il faut noter ce point, qui nous servira à interpréter un autre passage de la comédie des *Chevaliers*, dont le sens a, je crois, échappé à M. Delpech.

En résumé, Démosthène, proposant de traiter Cléon de même que les cuisiniers traitent les porcs, ne fait en quelque sorte qu'entrer dans les vues du charcutier Agoracrite. Celui-ci vient de menacer Cléon de lui couper la gorge, τὸν πρηγορῶνά σεὐκτεμῶ, à l'instant même où Démosthène intervient dans la dispute. Or, il s'agit, d'après le scoliaste, non-seulement d'une inspection locale de la bouche, mais encore d'un examen de toutes les parties, après une ouverture préalable.

Il est probable que M. Delpech a voulu interpréter Aristophane sans s'aider des explications et commentaires des scoliastes, et, dans ce cas, il a eu tort, car pour lire avec fruit les comédies d'Aristophane, il faut avoir constamment les scolies sous les yeux (2).

Remarquons que les scoliastes, copiés par Suidas, ne parlent que d'une expertise après la mort de l'animal, après l'abattage, pour traduire plus exactement, μετὰ τὴν σφαγήν. De même, dans Aristophane, il s'agit, selon toute apparence, d'une de ces expertises complètes qui ne sont possibles qu'après la mort.

Ce qui résulte avec évidence de ces quelques vers de la vieille comédie grecque, c'est que la pratique du langueyage était familière aux cuisiniers d'Athènes, ou pour mieux dire aux bouchers, et qu'ils ne se contentaient point de cette opération préliminaire. Pour constater la ladrerie, ils ouvraient le porc ; aussi le scoliaste observe-t-il avec raison que la maladie, souvent invisible pendant la vie, se manifeste à l'ouverture du corps, car,

(1) Ὁ δὲ χορὸς ἐκ τῶν ἱππέων ἐστὶν, οἱ καὶ ἐζημίωσαν τὸν Κλέωνα πέντε ταλάντοις ἐπὶ δωροδοκίᾳ ἁλόντα. (2e argument des *Chevaliers*, p. 438.)

(2) Voici les textes les plus essentiels du scoliaste sur le passage en question : Εἰώθασι γὰρ οἱ μάγειροι πασσάλοις τὰ τῶν χοίρων ἀνοίγοντες στόματα κατανοεῖν εἰ χαλαζῶσι· χάλαζα δὲ πάθος τῶν χοίρων. — Οἱ μάγειροι μετὰ τὸ ἀποσφάξαι τὰ θρέμματα εἰώθασι κρεμᾶν αὐτὰ ἐκ τοῦ παττάλου καὶ οὕτως ἐκδέρειν· συνάγειν δὲ εἴωθε τὰ θρέμματα τὸ στόμα· κατὰ ταῦτα οὖν φησιν ὅτι χρὴ πάτταλον ἐμβαλεῖν εἰς τὸ στόμα καὶ διανοῖξαι πρὸς τὸ ἐξεῖραι τὴν γλῶτταν........ Χαλαζᾷ : Ἤτοι εἰ χαλαρός ἐστι, καὶ εἰ χαλαζᾷ ἐκεῖ. Νόσημα δὲ τοῦτο τῶν θρεμμάτων, ὅσπερ ζώντων μὲν λανθάνει, ἀποθανόντων δὲ καὶ τεμνομένων φάνερον γίνεται· ταῖς σαρξὶ δὲ αὐτῶν ἀναμέμικται καὶ ἐμπέφυκεν ἡ χάλαζα. Scholia, *in Equites*, p. 46, édit. de Fréd. Dübner.

ajoute-t-il, la ladrerie se produit dans l'épaisseur des chairs et se confond avec elles.

On pourrait encore s'arrêter sur cette menace de Cléon : « Je t'arracherai un à un les cils des paupières (1). » Aristote ne se sert pas d'une autre expression, quand il parle des soies qu'on arrache sur le cou du porc ladre, ou du moins le verbe dont il fait usage, est, à une préposition près, celui d'Aristophane (ἐκτίλλω, arracher, épiler). Mais c'est Cléon, et non pas Agoracrite qui prononce ce vers, et les scoliastes ont remarqué avec juste raison que chacun des deux interlocuteurs emprunte les métaphores de son métier, et que le métier des tanneurs est d'arracher les poils et les crins des peaux qu'ils préparent (2).

Pour en finir avec Aristophane, il nous reste à examiner un autre passage de la même comédie, que M. Delpech allègue comme pouvant contenir une allusion à la ladrerie du porc, et qui ne se rapporte en rien, semble-t il, à cette maladie.

« Dans la comédie des *Chevaliers* (3), dit M. Delpech, on lit :

Ἐπίπαστα λείξας δημιόπραθ' ὁ βάσκανος
ῥέγκει μεθύων ἐν ταῖσι βύρσαις ὕπτιος.

« Ce que Brunck traduit par : *Postquam liguriit publicatos cibos mola consperso, improbus ille stertit ebrius, in coriis supinus jacens*, et que je comprends ainsi : « Lorsqu'il s'est gorgé de viandes *sursemées* et saisies, le « drôle ronfle couché sur les cuirs. » Le mot *sursemées* est la traduction littérale d'ἐπίπαστα, et il a été synonyme, pendant tout le moyen âge, du mot *ladre*. Les cuirs sur lesquels le Paphlagonien est couché indiquent bien qu'il s'agit là de viandes et non pas d'un autre aliment (4). »

On voit que l'auteur a donné des deux vers d'Aristophane cités par lui non-seulement une traduction originale, mais encore un commentaire explicatif qui n'est pas moins original que cette traduction.

Si la version et l'explication de M. Delpech étaient possibles, nous aurions un document de plus, et très-précieux, pour l'histoire de la ladrerie du porc dans l'antiquité. Il serait démontré que chez les Athéniens, les inspecteurs du marché public étaient autorisés par la loi à prohiber la vente de la viande de porc infectée de ladrerie : bien plus, ces magistrats auraient eu le droit de saisir, de confisquer les viandes que M. Delpech

(1) Τὰς βλεφαρίδας σου παρατιλῶ. V. 373.

(2) Ὅτι ἀπὸ τῆς αὐτοῦ τέχνης ἑκάτερος αὐτῶν τοῖς ὀνόμασι χρῆται καὶ ταῖς λέξεσι. ὥσπερ γὰρ τῶν βυρσέων τὸ καθαίρειν καὶ μαδίζειν τῶν δερμάτων τὰς τρίχας, οὕτω καὶ τῶν μαγείρων τὸ τέμνειν καὶ σφάζειν εἰς τὸν λαιμὸν τὰ θρέμματα.

(3) Vers 103-104.

(4) *Mémoire*, ch. vi, p. 174 (p. 251-252 du t. XXI des *Annales d'hygiène*, etc.).

appelle *sursemées*, en se servant d'un terme qui n'est pas tout à fait un synonyme ni même l'équivalent du mot grec qu'il traduit ainsi.

Dans le premier passage de la comédie des *Chevaliers* relatif au langueyage et à l'inspection du porc ladre, auquel le poète compare malignement Cléon, il était permis, à la rigueur, de n'être pas de l'avis des interprètes les plus autorisés, car on peut reprocher à la version latine de Brunck, de même qu'à la traduction française d'Artaud, de n'avoir pas reproduit avec une exactitude parfaite toutes les nuances et intentions du texte grec. Mais il n'en est pas de même en cet endroit, où M. Delpech veut voir à toute force ce qui n'est pas, tant il est plein, comme on dit, de son sujet.

C'était ici surtout qu'il fallait suivre Brunck, le plus sagace comme le plus délicat des interprètes d'Aristophane (ce Brunck était un helléniste comme il n'y en a plus, spirituel et d'un goût exquis, de la famille des P.-L. Courier et des Boissonade, qu'il a précédés et guidés), et que le scoliaste devait être consulté. Les lexicographes grecs ont aussi contribué à l'explication de ces deux vers, qui ne présentent pas de difficultés sérieuses, pour si peu que l'on connaisse les us et coutumes de l'antique société athénienne.

Essayons à notre tour de les traduire, et sachons d'abord qu'au début de la pièce, les deux compagnons d'esclavage, Démosthène et Nicias, exposent le sujet dans un dialogue fort piquant dont Cléon fait tous les frais, car c'est de lui qu'ils parlent en très-mauvais termes, de cet esclave de Paphlagonie, de ce nouveau venu qui est le fléau de la maison.

« Dis-moi, demande Démosthène à Nicias, qu'est devenu le Paphlagonien? » — « Le chenapan a léché le dessus des friands gâteaux que vend le peuple, et il cuve son vin en ronflant tout de son long sur ses cuirs. »

Le texte est d'une concision désespérante, mais le sens n'est pas douteux : il s'agit évidemment du bien public, du trésor de l'État, dont l'honnête Cléon, selon le poète, aurait pris sa bonne part, comme on enlèverait les friandises d'un gâteau en y passant la langue, par pure gourmandise.

Il y a là une allégorie très-transparente et tout à fait populaire. Parmi les friandises dont se régalaient les Athéniens, il n'y en avait guère de plus prisées que les gâteaux que l'on faisait avec la fleur du plus pur froment, et que l'on arrosait avec du miel; on employait parfois, en guise de farine, la purée de pois ou de fèves, et sur le gâteau, on mêlait l'huile avec le sel. La cuisson produisait, dans les deux cas, une croûte agréable à l'œil et très-appétissante. Le plus souvent ces gâteaux se mangeaient chauds, et quand ils étaient aspergés d'huile et de sel, ils invitaient à boire.

C'est apparemment aux gâteaux salés qu'Aristophane a fait allusion dans le passage qui nous occupe. Cléon lèche la croûte, et tant et tant, qu'il est obligé de se désaltérer, et il se désaltère si bien qu'il s'enivre; et le voilà maintenant tout de son long étendu sur ses cuirs, qui ronfle tout en cuvant son vin.

En deux vers, le poète a présenté un tableau achevé. Il nous montre, sous une métaphore grossière, mais énergique, l'enivrement du pouvoir suprême, et la sécurité de cet homme, qui de rien s'est élevé au faîte, porté par la faveur populaire, et l'avidité d'un parvenu qui s'engraisse et se rassasie de la substance du peuple. Tel est le sens véritable de ce passage, qu'il n'est pas possible d'interpréter autrement que les commentateurs et les scoliastes (1).

L'explication de Suidas est, de même que celle de Pollux, de tout point conforme à celle des scoliastes (2).

Sans alléguer d'autres autorités, Aristophane a voulu dire que Cléon se nourrissait de la faveur populaire, ou de cette popularité qui s'achète et que le peuple vend à ceux qui le soldent en complaisances et en flatteries, comme tous les démagogues, n'importe leurs prétentions et leurs titres. Mais le poète a mis une double intention dans ses vers : il a voulu

(1) Voici les textes à l'appui de cette interprétation. Nous les reproduisons, parce qu'ils sont pour la plupart curieux et très-instructifs : Ἐπίπαστα λείξας : Τὰ ἐπιπασσόμενα μέλιτι ἄλευρα. ἔτνος δὲ, ἣν ἀθάραν ἔλεγον. καὶ τὸ πίσινον ἔψημα· τὰ δὲ ἄλφιτα δημοσίᾳ πιπράσκεται. ἔθος δὲ εἶχον ποιεῖν πλακοῦντας ἢ ἄρτους καὶ ἐπιπάσσειν τινὰ καρυκεύματα ἢ γουν ἀρτύματα ἁλμυρά. καὶ διὰ τοῦτο ἔφη τὰ ἐπίπαστα. — Δημιόπραθ' ὁ βάσκανος : Τὰ δημοσίᾳ πιπρασκόμενα ἐκ δημεύσεως καὶ τῶν δημευομένων διὰ Κλέωνα οὐσιῶν — ou θυσιῶν, qui est peut-être la véritable leçon. — ἢ δημιόπρατα ἔμιξεν ὡς ἐκ δημοσίου πράγματα αὐτοῦ κλέψαντος. Ἄλλως. τὰ τὸν δῆμον ἐξωνούμενα· τῷ γὰρ λέγειν τῷ δήμῳ κεχαρισμένα ὠνεῖτο τοῖς τοιούτοις λόγοις τὴν παρ' αὐτοῦ εὐνοίαν. — Ῥέγκει : Διὰ τοῦ κ. συμβαίνει δὲ μάλιστα τοῦτο πάσχειν τοὺς μεθύοντας, ἢ τοὺς ὑπτίως ἀνακειμένους. ὥσπερ καὶ αὐτὸς ἐδήλωσεν ἐν ταῖς ἑξῆς λέξεσιν, εἰπὼν, « ἐν ταῖς βύρσαις ὕπτιος. » ῥέγκει οὖν ἀντὶ τοῦ, ποιὸν ἦχον ἀποτελεῖ τῇ ῥινί. (Scholia, *in Equites*, p. 37, édition Dübner.)

(2) Δημιόπρατα. ἃ ὁ δῆμος πιπράσκει καὶ δημοσίᾳ πιπρασκόμενα ἐκ δημεύσεως. καὶ τῶν δημοσιουμένων διὰ Κλέωνα, et il cite à l'appui le premier des deux vers d'Aristophane, que l'interprète latin traduit ainsi : « Aspersa placentis condimenta fiscalia pessimus ille lingens. » (Suidas, édition de Gaisford et Bernhardy, t. I, col. 1248 et les notes 6 et 7. — Ἐπίπαστα. τὰ ἐπιπασσόμενα τῷ σώματι ἄλφιτα. ἔθος γὰρ εἶχον ποιεῖν πλακοῦντας ἢ ἄρτους, καὶ ἐπιπάσσειν τινὰ καρυκεύματα ἢ ἁλμυρά. καὶ ἐκ τούτου ἠναγκάζοντο πίνειν πολλά· τοῦτό εστι τό... et il cite les deux vers; et pour expliquer le ronflement, συμβαίνει δὲ μάλιστα τοῦτο πάσχειν τοὺς μεθύοντας ἢ τοὺς ὑπτίους κειμένους, que le traducteur latin rend ainsi : « Farina quæ pulti aspergitur : solebant enim veteres placentas aut panes conficere, et condimenta quædam vel salsa illis aspergere : unde qui ea comedebant, multum bibere cogebantur. Hinc illa : *Postquam nebulo iste placentas conditas sive bona fiscalia ligurrivit, ebrius in pellibus supinus stertit.* » Suid. *Lex.* ejusd., edit., t. I, p. 2, col. 442. — Cf. Polluc., *Onomast.*, VI, c. x. Le même lexicographe, VI, 61 : Ἔλεγον δέ τι καὶ τὸ ἐπίπαστα λείχειν. ἦν δὲ ἔτνος, καὶ ἐπιπάττοντες ἀλφίτων λεπτῶν καὶ ἐλαίου ἤσθιον.

parler à la fois du pouvoir de Cléon et de ses rapines. Dans tous les cas, la métaphore est juste, et Aristophane constate qu'après avoir mordu au gâteau, Cléon y a pris goût.

Ajoutons, pour terminer ce bref commentaire, que l'usage de ces pains mollets, de ces gâteaux au miel ou au sucre, ou de ces autres gâteaux que l'on arrose d'huile et qu'on asperge de sel, s'est perpétué dans les régions méridionales de l'Europe, et notamment dans ces îles de la Méditerranée, où tant de vieilles coutumes maintiennent encore l'antique tradition grecque. Le mot ἐπίπαστα, que M. Delpech a rendu par viandes sursemées, c'est-à-dire atteintes de ladrerie, parsemées de vésicules et de cysticerques, signifie tout bonnement cette sorte de gâteau ou de galette que l'on saupoudrait de fine fleur de farine, de purée de fèves ou de pois, et sur lesquels on répandait, tantôt du miel et des essences aromatiques, tantôt de l'huile et du sel.

La traduction latine de Brunck ne laisse rien à désirer : le mot *mola*, dont il s'est servi très-heureusement, désignait chez les Romains la farine sacrée mêlée de sel que le sacrificateur répandait sur la tête de la victime avant l'immolation. On voit maintenant quelle est l'étymologie de ce dernier terme, synonyme de sacrifice; il vient de *mola*, que Cicéron emploie d'une manière absolue, et Pline, avec l'adjectif *salsa*, pour désigner la farine des sacrifices.

Brunck, qui connaissait à fond son Aristophane, n'a peut-être pas employé sans intention ce terme d'une nuance religieuse. Suivant une leçon d'un des scoliastes d'Aristophane, corrigée par Küster, savant éditeur et commentateur de Suidas, il s'agirait ici, non pas des finances publiques, des biens de l'État (οὐσιῶν), mais des sacrifices publics (θυσιῶν). Et à la rigueur, on pourrait admettre qu'Aristophane a fait une allusion, très-indirecte à la vérité, aux aliments sacrés que l'on offrait à certaines divinités tutélaires dans les sacrifices expiatoires, aliments qui étaient, après l'offrande, exposés devant le seuil des maisons ou dans les carrefours, et auxquels nul ne se permettait de toucher, sauf quelques gueux et mendiants qu'imitaient les philosophes cyniques, très-dégagés, comme on sait, de tout préjugé et ennemis de toute superstition (1).

Mais il est inutile d'insister sur cette variante du texte de la scolie; car, en supposant qu'elle fût la bonne leçon, le sens resterait toujours le même. Seulement Aristophane aurait fait entendre que les malversations de Cléon ressemblaient à un sacrilége, et qu'il n'était pas plus permis de toucher

(1) Voyez sur ces offrandes, et notamment sur les repas d'Hécate, Lucien, *Dialogues des morts*, I, XXII, t. II, p. 129, 211 de l'édition bipontine 1789 (10 volumes in-8) et le remarquable commentaire du docte Hemsterhuys, dans le même tome, p. 397-400.

à la souveraineté et aux finances publiques que de porter la main sur les offrandes sacrées.

Puisque cet essai historique sur la ladrerie a pris les proportions et les allures d'une dissertation, le lecteur ne trouvera pas mauvais qu'on lui fournisse quelques indications sur les termes dont les anciens ont fait le plus fréquent usage pour désigner la maladie du porc, qui, chez les modernes, grâce à l'intervention de Lazare, a donné son nom à la lèpre.

Les cysticerques qui infectent la chair des porcs ladres sont enfermés dans des vésicules demi-transparentes, blanchâtres, qui présentent, par leur forme et par leur aspect, assez d'analogie avec les grêlons, sinon par le volume; car ces points, ou globules, ou tubercules blancs, formés par la tête et le cou du cysticerque, ont à peu près la grosseur d'un grain de chènevis (1). Les Grecs appelaient ces grains χάλαζαι, et les Latins *grandines*. La dénomination est aussi exacte que pittoresque. Androsthène, dans un passage de son voyage aux côtes de l'Inde, cité par Athénée, compare les perles qui se forment dans certains coquillages aux grains de ladrerie du porc (2). « Elles naissent, dit-il, dans la substance du mollusque, comme les grêlons dans la chair des porcs. »

Remarquons que le mot χάλαζα, qui signifie proprement grêlon, servait en même temps à désigner la ladrerie, et que le verbe χαλαζάω, grêler, suivant l'acception nouvelle de son radical, signifia par la suite l'état du porc atteint de ladrerie. Aristote emploie l'adjectif χαλαζώδης, et Suidas donne comme synonyme χαλαρός, peut-être à tort, car le terme d'Aristote est un dérivé du verbe χαλάζω, au lieu que l'adjectif que Suidas présente comme ayant un sens identique vient du verbe χαλάω, qui signifie proprement baisser, détendre, relâcher (3). Il n'est pas vraisemblable que, par cet adjectif, le lexicographe ait voulu marquer la nature et la consistance de la viande de porc infectée de ladrerie. Suidas, dont on a contesté l'existence, était évidemment un compilateur dépourvu de jugement, qui copiait platement les grammairiens et les commentateurs : son recueil est précieux par les indications et les citations qu'on ne trouve pas ailleurs; mais l'auteur de cette compilation n'a point par lui-même d'autorité. Cet adjectif, χαλαρός, donné par lui comme l'équivalent et le synonyme de χαλαζώδης, prouve combien de son temps la langue grecque était déjà dégénérée et corrompue, puisque des mots qui n'avaient pas une origine com-

(1) Cf. le mémoire de M. Delpech, ch. III, p. 42.

(2) Ἡ δὲ λίθος γίνεται ἐν τῇ σαρκὶ τοῦ ὀστρέου, ὥσπερ ἐν τοῖς συείοις ἡ χάλαζα. *Deipnosoph.*, lib. III, p. 93 C., édition d'Isaac Casaubon, avec la traduction latine de Dalechamp, in-fol., 1597.

(3) *Lex.*, t. I, 2e part., col. 1582. Copie le scoliaste d'Aristophane et répète ce qu'il a dit ailleurs.

mune, et qui, par conséquent, ne pouvaient avoir la même signification, étaient pris indifféremment l'un pour l'autre, par cela seulement qu'ils se ressemblaient.

Foës a très-bien exposé, dans son lexique d'Hippocrate, les vicissitudes du mot χάλαζα, au sens médical. Il remarque fort à propos qu'Hippocrate s'est servi de l'adjectif χαλαζώδης pour caractériser une éruption de petits boutons demi-transparents et blanchâtres à la surface de la langue (1). Les mots χάλαζα et χαλάζιον, dans les auteurs grecs qui ont traité de chirurgie ou de médecine, désignent souvent de petites tumeurs mobiles qui se forment au bord des paupières, et dont Celse a donné la description (2). « Les Grecs, dit-il, donnent à ces tumeurs le nom de χαλάζια, parce qu'elles ressemblent à des grêlons. » Dans les *Définitions médicales* de Jean de Gorris, on trouve une explication étendue qui ne diffère pas de celle de Foës. Gorris a donné sur la ladrerie une indication fautive, en alléguant un passage des *Problèmes* d'Aristote. En revanche, il a rectifié une grave erreur d'Albert le Grand (3). Celui-ci a confondu à tort, dans son *Histoire des animaux*, liv. VII, ch. XX, la ladrerie du porc avec la lèpre, confusion qu'on retrouve dans quelques auteurs du moyen âge, et qui avait déjà été faite dans l'antiquité, s'il faut en juger d'après les prescriptions de la loi mosaïque, et d'après les textes des *Symposiaques* de Plutarque, allégués dans la première partie de cette étude.

Schneider, de son côté, a noté, avec raison et en le blâmant, l'abus qu'a fait le célèbre observateur Hartmann (4) d'une expression de Pline dont il n'a pas saisi ou dont il a détourné le sens véritable pour l'appliquer à cette affection singulière dont il a le premier découvert la nature et la cause. C'est lui, en effet, qui a démontré le premier que ces glandes ou vésicules qu'on remarque dans la chair des porcs ladres ne sont que des nids de vers. Or, pour désigner ces grêlons ou grains de ladrerie, Hartmann em-

(1) Γλῶσσα ἐτρηχύνετο ὥσπερ χαλαζώδει πυκνῷ (*Epidem.*, lib. IV) : crebra tubercula grandini similia in lingua enata ex incendio, dit-il, et il traduit : « Lingua velut densa grandine exasperabatur, hoc est crebris et densis tuberculis grandinique similibus et pellucidis exasperabatur. » Et il donne de cette éruption locale une explication conforme aux théories humorales qui régnaient alors.

(2) Alia quoque quædam in palpebris (*l'orgelet*) non dissimilia nascuntur; sed neque utique figuræ ejusdem, et mobilia, simulatque digito huc vel illuc impelluntur. Quæ quia grandini similia sunt, χαλάζια Græci vocant. A.-C. Cels., *De medic.*, lib. VII, c. VII, § 3.—Τὸ χαλάζιον σύστασίς ἐστιν ἀργοῦ ὑγροῦ κατὰ τὸ βλέφαρον..... Εἰ δὲ ἔνδοθεν εἴη τὸ χαλάζιον, ὥστε διὰ τοῦ χονδρώδους αὐτὸ διαυγάζεσθαι .... P. Ægin., lib. VI, c. XVI, édition Briau, p. 124.

(3) Albertus autem magnus 7. *De Animal.* 20, vehementer hallucinatus est putans eumdem esse morbum et grandinem et lepram.

(4) In *Ephemer. natur. curios.* Dec. II, ann. VII, p. 59.

prunte souvent à Pline ces trois mots, *glandia suillæ carnis*, qui, dans le texte de Pline, signifient tout autre chose. Pline, en effet, désigne par cette expression des glandes très-menues ou de petits tubercules qui sont en grand nombre chez le sanglier autour du cou. Cette interprétation est la bonne, malgré l'opinion de Priscien, suivant lequel il s'agirait d'une partie des intestins et apparemment des glandes mésentériques.

Il s'agit évidemment dans le passage de Pline des ganglions de la région cervicale ou encore de ces grumeaux que l'on observe dans la graisse des animaux. On peut voir, d'ailleurs, ce qu'il dit par similitude de la pulpe des arbres, qu'il compare à la chair animale : « Les tubérosités que l'on trouve dans certains bois sont semblables, dit-il, aux glandes dans la chair des animaux (1). » Ailleurs, le même auteur se sert d'une expression analogue qui prouve qu'il voulait parler de ces grains ou particules fermes et arrondies que l'on distingue dans la chair et dans la graisse des beaux animaux de boucherie. Il dit, en parlant de la marne dont on se servait dès lors en Bretagne (Angleterre) et en Gaule pour engraisser la terre : « C'est une espèce de graisse terrestre comparable aux glandes dans le corps et qui se condense en noyau, » traduit M. Littré (2).

Ce passage explique le sens véritable que Pline attachait au mot *glandia*, qui ne signifiait pour lui, en parlant des animaux, que ces conglomérations que forme la graisse en se tassant, *densante se pinguitudinis nucleo.* C'est donc à bon droit que Schneider blâme Hartmann d'avoir usurpé une façon de dire qui est vicieuse, inexacte, si on l'applique aux vésicules ou tubercules de la ladrerie.

On a aussi avancé à tort, selon nous, qu'Arétée compare les gens affectés d'éléphantiasis aux cochons ladres (3). Arétée a fait un simple rapprochement et non une comparaison. Voici la traduction littérale du passage allégué : « Les veines sublinguales sont proéminentes; la langue est hérissée de pustules semblables aux grêlons, et il n'est pas invraisemblable que tout le corps (à la lettre, l'enveloppe) soit farci de produits analogues; c'est ainsi que les chairs des victimes d'un mauvais tempérament sont farcies de grêlons (de tubercules) (4).

---

(1) « Quibus sunt tubera, sic sunt in carne glandia, » lib. XVI, c. LXXIII, p. 506, t. I, édit. et trad. de Littré. Et au commencement du chapitre : « In quarumdam arborum carnibus pulpæ venæque sunt. »

(2) Est autem quidam terræ adeps, ac velut glandia in corporibus, ibi densante se pinguitudinis nucleo, lib. XVII, c. IV, t. I, p. 614 de l'édition citée.

(3) Oribase, édition grecque-française de Bussemaker et Daremberg, t. I, p. 617, note sur le chapitre II du livre IV des *Collect. médicales.*

(4) Γλῶσσα χαλαζώδεσι ἰόνθοισι τρηχεῖα· οὐκ ἀδόκητον καὶ τὸ ξύμπαν σκῆνος ἔμπλεων τοιῶνδε ἔμμεναι· καὶ γὰρ καὶ τοῖσι κακοχύμοισι ἱερείοισι τὰ κρέα χαλάζης ἐστὶ ἔμπλεα. *Signes des maladies chroniques*, liv. II, ch. XIII, p. 152-153 de l'édition du docteur

Il est possible qu'Arétée ait voulu parler de la ladrerie du porc; cela es même probable, malgré les termes ambigus ou trop peu précis du texte Mais en faisant ce rapprochement, il a voulu dire simplement que les tubercules et nodosités variqueuses que l'on observe sous la langue des éléphantiaques ne sont qu'un symptôme d'un état général invisible et identique. C'est ainsi, ajoute-t-il, pour rendre sa pensée plus claire, que dan les animaux que l'on sacrifie, quand ils sont malsains, on trouve toutes le chairs farcies de ces tubercules, qui ont l'apparence de grêlons.

On ne peut guère trouver autre chose dans ce passage, si l'on n'y cherche que ce que l'auteur y a mis. Mais on ne saurait affirmer sans erreur en invoquant le texte grec, qu'Arétée a comparé l'éléphantiasis à la ladrerie. Encore une fois, entre ces deux affections, Arétée a fait un simpl rapprochement, non une comparaison. On pourrait même, en suivant l texte grec à la lettre, soutenir qu'Arétée a parlé des victimes en général de tous les animaux qui étaient offerts en sacrifice et immolés aux dieux et non pas uniquement du porc; mais il faut ajouter que chez les meilleurs auteurs de l'hellénisme, le mot ἱερεῖον, qui signifie proprement victime, s'entend souvent de la victime par excellence, du porc.

Dans tous les cas, il ne faudrait pas conclure de ce passage d'Arétée qu les anciens médecins avaient saisi quelques rapports ou similitudes entr la ladrerie et l'éléphantiasis; en supposant même, suivant l'opinion d Fréd. Hoffmann, que, dans l'antiquité, l'éléphantiasis fût parfois confondu avec la lèpre.

Quant à cette dernière affection, le moyen âge la considéra probablement comme une transformation ou dérivation de la ladrerie : on a v qu'Albert le Grand, « le plus curieux de tous les hommes, » au jugemen de Bayle, confondait la ladrerie du porc avec la lèpre, à une époque, il n faut pas l'oublier, où la lèpre était endémique en Occident (1).

Nous connaissons maintenant la ladrerie du porc, et nous savons qu

---

Ermerins, in-4. Utrecht, 1847. Comparer cet endroit d'Arétée avec celui d'Archigène, dans Aétius.

(1) Il est certain que l'on a longtemps employé indifféremment et comme se rapportant à une seule et même maladie, les expressions de *lépreux*, *ladre*, *lèpre*, *ladrerie*, *léproserie* et *ladrerie* ou *maladrerie*. — L'ordre religieux et militaire de *Hospitaliers de Saint Lazare*, institué, au commencement du XIIe siècle, par le croisés, à Jérusalem, sous le patronage du mendiant couvert d'ulcères, dont il e parlé dans la Bible (saint Luc, c. XVI, 20), avait pour mission principale de desservir les ladreries ou léproseries. Introduit en France sous Louis VII, l'un des che de la seconde croisade, cet ordre finit, après la disparition des épidémies de lèp et la destruction des léproseries, par n'être plus qu'un ordre purement honorifiqu et il fut aboli, comme tous les autres, au commencement de la révolution.

(*Note de la rédaction.*)

cette affection parasitaire est distincte de toute autre. Nous savons quels sont les effets ordinaires de la viande de porc ladre employée comme aliment, nous tenons enfin la réalité. Mais, d'autre part, nous n'avons pas beaucoup d'occasions d'observer la lèpre. Nous ne savons pas bien exactement quelles étaient les causes occasionnelles de cette affection terrible, qui a régné en Orient et en Europe durant des siècles; et il n'est pas démontré que l'usage de la viande de porc ladre n'ait pas été une de ces causes secondaires.

Il y a là certainement un problème de pathologie historique, auquel M. Delpech n'a point songé en écrivant son intéressant mémoire, un problème tout neuf, que les plus savants historiens de la médecine ont laissé intact (1).

Ce problème est peut-être insoluble; mais il est probable qu'on gagnerait à l'examiner. A défaut de résultats positifs, on obtiendrait certainement des indications utiles, on retrouverait quelques traces de la tradition effacée, et, en tout cas, la synonymie et la nomenclature de ces affections, qui ont été maintes fois confondues ou vicieusement rapprochées et comparées, deviendraient plus précises et plus nettes. Résultat important, car on ne sait pas jusqu'à quel point la confusion des termes, en pathologie historique surtout, peut nuire à la connaissance réelle et positive des choses. Dans l'histoire de la syphilis, pour ne citer qu'un exemple entre mille, la divergence des opinions sur l'origine, la provenance et l'évolution du mal vénérien, dépend peut-être moins des préoccupations théoriques des historiens syphilographes que de la confusion des termes qui servaient autrefois à désigner ou ce mal lui-même ou d'autres maladies qui avaient avec lui quelque analogie.

C'est en vue d'éclaircir un peu les questions si difficiles de nomenclature et de synonymie, en ce qui concerne la ladrerie du porc, que nous avons entrepris cette étude historique. Si notre essai, tel qu'il est, inspirait à quelque investigateur des vieux documents de l'art médical le désir de continuer, jusqu'à la fin du moyen âge, ce que nous avons commencé pour la période ancienne, la voie qui est à peine ouverte serait parcourue, et, che-

(1) Cf., entre autres ouvrages spéciaux, un excellent essai sur la lèpre d'Orient au moyen âge, par Gabr. Hensler, sous ce titre : *Vom abendlandischen Aussatze im Mittelalter, nebst einem Beitrage zur Kenntniss und Geschichte des Aussatzes.* Hamburg, 1779, 1 vol. in-12. C'est un livre plein de sens et de forte érudition. — Sur la maladie de Lazare, le mendiant de la parabole évangélique (saint Luc, XVI, 20, 21), cf. la savante dissertation de G. Wolf. Wedel, *De Lazaro ante portam* (Iéna, 1705, in-4), et l'ingénieux essai de son célèbre disciple Fréd. Hofmann : *Dissertatio medico-chirurgica de morbo Lazari* (1733), dans la collection de ses *Œuvres complètes*, Supplem. secund., part. 2, p. 553-559 Genève, in-folio, dans la 2ᵉ édition des frères de Tournes.

min faisant, l'explorateur découvrirait et mettrait au jour bien des particularités, bien des vérités que nous cache l'ombre des siècles; et nous aurions, comme résultat définitif de cette exploration, un chapitre solide et des plus intéressants de la médecine comparée. Celle-ci, il faut le redire en finissant, n'existe point sans l'histoire. Si notre génération comprenait cela, la Faculté aurait encore sa chaire de médecine comparée et pourrait se passer à la rigueur d'une chaire spéciale d'histoire de la médecine.

50497 PARIS. — Typographie de RENOU et MAULDE, rue de Rivoli, n° 144.

www.ingramcontent.com/pod-product-compliance
Ingram Content Group UK Ltd.
Pitfield, Milton Keynes, MK11 3LW, UK
UKHW021035180726
13838UKWH00004B/1815